나는 중국에서 일한다

나는 중국에서 일한다

초판인쇄 2019년 4월 30일
초판발행 2019년 4월 30일

지은이 김웅삼, 김민
펴낸이 채종준
기획   이아연
편집   유 나
디자인 서혜선
마케팅 문선영

펴낸곳 한국학술정보(주)
주 소   경기도 파주시 회동길 230(문발동)
전 화   031-908-3181(대표)
팩 스   031-908-3189
홈페이지 http://ebook.kstudy.com
E-mail 출판사업부 publish@kstudy.com
등 록   제일산-115호(2000. 6. 19)

ISBN 978-89-268-8766-0 03980

가능성이 현실이 되는
해외 취업, 실전 중국 적응기

나는 중국에서 일한다

我在中国工作

김응삼 외 지음

이담
Books

증가하는 실업률, 계속되는 창업 실패, 벌어지는 빈부 격차, 이에 따르는
사회 갈등. 국내외 경제가 불안하다는 뉴스가 비단 하루 이틀 일은 아니지
만 최근 들어 한국의 경제 상황은 더욱 어려워지는 듯 보입니다. 이런 와중
에 청년층은 청년층 나름대로, 중년층은 중년층 나름대로, 노년층은 노년층
나름대로 '헬조선'을 한탄하는 것 같습니다. 이런 상황 속에서 어려운 현실을
벗어나고자 하는 방안 중 하나로 해외 취업이 점점 더 관심을 받는 것은 당
연한 흐름이라 할 수 있겠죠. 해외로 나가면 잘될 거라는 막연한 기대를 갖
거나 외국어도 못하는데 무슨 해외냐고 미리 단념하기도 합니다. 하지만 두
반응 모두 바람직하지 않은 것 같습니다.

저는 우연한 기회를 만나 약간의 노력을 한 결과 해외에서 근무하게 되었
습니다. 생각지도 못한 여러 일로 좌충우돌하였지만, 그로 인해 많은 것들을
알게 되었기에 결론적으로는 만족스러운 선택이었습니다. 해외 취업 중에서

도 중국으로의 취업은 여러 가지 장점이 있는 매력적인 선택지라 생각합니다. 가장 큰 매력은 중국 시장의 역동성입니다. 제가 본업으로 삼고 있는 자동차업계를 예로 들어보겠습니다. 중국은 세계 최대 자동차 판매 시장입니다. 2017년 기준 총 28,878,904대의 차가 중국에서 판매되었고 이는 전 세계 판매량의 30%가 넘는 수치입니다. 1,829,988대인 한국 내수 시장과 비교해 보면 16배나 큰 시장입니다. 물론 시장이 크다고 내가 원하는 일자리가 거저 생기지는 않습니다. 그러나 성장의 한계 이야기가 공공연히 나오는 국내 자동차업계에 비추어 볼 때 일자리 기회가 많은 것은 사실입니다.

두 번째 장점은 한국-중국 양국 간이 여러모로 가깝다는 점입니다. 중국은 역사적으로 우리나라와 가장 많은 교류가 있었던 나라인 만큼 여러 면에서 비슷한 모습이 많습니다. 한자에서 온 여러 가지 단어나 표현은 발음만 다를 뿐 뜻이 같은 경우가 많아 현지인과 쉽게 소통할 수 있습니다. 설이나 추석 같은 전통 명절도 같아서 많은 사람이 이 기간에 고향을 방문합니다. 또한, 한국인의 외모는 중국인과 비슷하여 외국인으로 차별을 받거나 특별히 주목을 받는 일이 없습니다. 지리적으로도 가까워서 베이징이나 상하이, 제가 있는 항저우 등 외국인들이 주로 사는 대도시는 한국에서 비행기로 두세 시간이면 도착할 수 있습니다. 외국에서 생활하다 보면 예상치 못하게 한국에 갈 일이 생길 수 있습니다. 갑자기 몸이 아파서 치료를 받아야 한다거나, 외로움을 견디다 못해 한국에 있는 가족을 보고 싶을 때 어렵지 않게 고국을 방문할 수 있는 것은 큰 장점입니다.

한 가지 장점을 더 이야기하자면 한국에 대한 우호적인 분위기를 들 수 있습니다. 물론 동북아시아의 복잡한 국제 외교 관계 속에서 갈등이 발생하기도 합니다. 한국이 사드를 도입했을 때 중국이 취했던 일련의 조치가 대표적입니다. 하지만 전반적으로 한국, 한국인에 대한 중국인들의 생각은 나쁜 것 같지 않습니다. 특히, 한국의 경제 발전과 대중문화에 대해서 높게 평가하며 그 노하우를 배우려고 합니다. 또한, 한국인 특유의 조직에 대한 높은 충성도 및 성실성은 중국 취업 시장에서도 잘 알려져 있습니다.

어떻게 중국에서 일하게 되었느냐는 질문을 받았을 때, 농담으로 "취미를 잘 살렸기 때문입니다."라고 대답합니다. 저는 어렸을 때부터 음악 듣기를 좋아했습니다. 제가 어렸을 때는, 지금은 사라진 녹음테이프와 LP판으로 음악을 들었는데 마음에 드는 곡이 있으면 녹음테이프가 늘어지고 LP판이 닳을 때까지 반복해서 들었습니다. 선율이나 리듬은 물론 연주되는 악기의 미묘한 소리까지 집중해서 들었습니다. 아울러, 작곡은 누가 했고, 어느 음반사에서 몇 년도에 나왔는지, 어떤 연주자들이 녹음에 참여했는지 등에 대해서도 열심히 공부했습니다. 그러다 보니 나중에는 곡의 첫 소절만 들어도 누가 작곡한 어떤 곡인지, 몇 년도에 어느 회사에서 출반되었는지, 관련된 에피소드는 무엇인지 줄줄이 꿰고 있는 정도가 되었습니다. 음악 듣기 자체도 좋았고, 제가 알고 있는 내용을 주변에 자랑하는 것도 좋았기 때문입니다. 이러한 능력이 예상치 못한 곳에서 발휘되었는데 그것은 토익 리스닝 테스트였습니다. 대학교 4학년이 되어 취업을 준비하면서, 그때까지만 하더라도 알지 못했던 토익 시험을 치렀는데, 처음 듣는 리스닝 문제지만 대충 무슨 내용인지 이해가 되었습니다. 어학연수를 다녀온 것도 아니고 특별히 영어 공부를 한 것도 아니었는데 말입니다. 아마 집중해서 음악을 듣다 보니 자연스럽게 듣는 훈련이 된 것이 아닌가 합니다. 덕분에 토익 점수가 나쁘지 않게 나왔습니다. 제가 대학을 졸업한 1996년만 하더라도 공대생들은 토익 점수가 그리 높을 때가 아니었기에 제 토익 점수는 취업에 도움이 되었습니다.

　직장에서도 이런 행운이 계속되었습니다. 제가 처음 회사생활을 시작한 곳은 (구)대우자동차(현 한국지엠)입니다. 당시 회사에서는 적극적으로 해외 진출을 하고 있었습니다. 따라서 직원들의 해외 출장이 빈번했었죠. 업무를 모르는 신입 사원이라도 영어 실력이 되면 선임자들과 함께 해외로 보내지곤 했습니다. 저도 그중 하나였는데 영어가 조금 된다는 이유로(사실은 토익 성적만 좋았지 실제 영어 구사 능력은 별로였지만) 해외 출장을 가게 되었고, 해외 출장으로 실전 경험이 쌓이다 보니 실제 영어 실력이 좋아지는 선순환으로 이어졌습니다. 해외 장기 파견 인원을 선정할 때 제가 맨 끝자리로나마 포함되었던 이유가 바로 이런 우연이 겹친 탓입니다. 다른 회사로 이직을 할 때도 이전 회사에서 경험했던 해외 파견 실적이 긍정적으로 작용했고요. 그러니 제가 중국 회사에서 일하고 있는 이유로 제 취미를 꼽은 것이 완전히 틀린 말은 아닐 것 같습니다. 뻔한 이야기로 들릴 수 있겠지만 제가 진심으로 좋아한 것을 했던 덕분에 우연히 기회가 생겼고, 그 기회가 꼬리에 꼬리를 물면서 오늘날에 이른 것 같습니다.

덧붙여 고백하자면 제가 중국에서 일하고 있는 것은 운이 좋아서인 것 같습니다. 이전 직장 선배를 통해 접하게 된 중국으로의 이직 제안 전까지는 해외 취업을 전혀 생각지도 못했었습니다. 대우자동차를 시작으로 르노삼성자동차, 만도 등 국내 자동차업계에 몸담고 일한 18년 동안 예상치 못한 구조 조정으로 인해 자의 반, 타의 반으로 직장을 옮긴 적은 있었습니다. 평소 해외 취업은 특별한 사람-능력이 뛰어나다거나, 외국어에 능통하다거나 하다못해 '나는 꼭 해외에서 일할 거야' 하는 구체적인 목표가 있는 사람-들이나 하는 것으로 생각했었습니다. 이런 제가 우연한 기회로 접하게 된 중국으로의 이직을 진지하게 생각하게 된 이유는 아마 이 책을 보시는 독자 여러분과 비슷한 이유이지 않을까요? 앞서 말씀 드렸던 '헬조선'을 탈출하려는 방법일 수도 있겠고, 중국에서 더 많은 새로운 기회를 찾기 위해서일 수도 있으며, 자녀에게 더 좋은 교육 기회를 주고 싶어서일 수도, 아니면 단순히 더 많은 연봉을 받기 위해서였는지도 모릅니다.

어떤 이유로 중국행을 택했든지 간에 공통점을 꼽자면 그것은 그 결심의 절박함입니다. 외국에서 일한다는 건 단지 직업 선택의 문제가 아니라 모든 면에서 근본적인 변화가 생기는 중대한 인생 전환점이기 때문입니다. 중국에 올 때의 각오를 약간 과장해서 표현하자면 한마디로 '중국에 뼈를 묻겠다'라는 것이었습니다. 하지만 돌이켜보면 그런 비장한 각오에 비해 준비는 허술하기 짝이 없었습니다. 인터넷도 뒤져보고 도서관 자료들도 찾아보았지만 마땅한 정보를 찾지 못했고 그나마 찾았던 정보들도 실제 중국에서 경험한 것들과는 차이가 있었음을 나중에야 알게 되었기 때문입니다.

책을 한번 써 볼까 하는 막연한 생각이 어떻게 떠올랐는지 기억나진 않습니다. 그러던 중 문득 이런 생각이 들었습니다. 책을 쓸 생각을 하다니 스트레스를 많이 받아 미친 것은 아니냐고 말입니다. 책이란 모름지기 전문 작가나 지식인, 또는 성공한 사업가들이 그들의 세계관이나 전문 지식을 전달하기 위한 것, 그것도 아니라면 유명 정치인이나 연예인이 일종의 유명세를 누리기 위한 것으로 생각했거든요. 하지만 이런 엉뚱한 상상이 영향을 준 탓인지 중국 자동차 업체에서 경험한 지난 5년간 보고 느꼈던 점들을 한번 정리해 봐야겠다는 생각이 들었습니다. 그리고 정리하다 보니 정말 책으로 만들어 볼까 하는 욕심이 생겼습니다.

이 책을 통해 제 경험을 바탕으로한 중국 취업 경로 및 절차, 현지 업체 근무 시 고려사항, 급여 및 계약조건, 집 구하기부터 체류 등록, 자녀 교육, 언어 문제 등 현지 생활에 대한 실질적인 내용까지 말씀드려 보고자 합니다. 당연하겠지만 제가 경험한 내용이 중국 직장 생활의 모든 것을 말해준다고 할 수는 없습니다. 다만, 중국으로의 취업을 계획하시는 여러분께 시행착오를 줄이기 위한 참고자료가 된다면 무척이나 기쁘겠습니다.

도움을 준 직장 동료들이 없었더라면 제가 지금까지 중국에서 일하기란 불가능했을 것입니다. 지리자동차의 동료들—John F James, Tommy Yu, Qin Ning, Song Zhenyu, Ren Huaisheng, Tian Chenxin, Li Li, Xu Yang, Fredrik Hedfors, Johan Hellstrom 외 모두—에게 진심으로 감사드립니다. 2014년 중국에 같이 왔던 한국인 전문가들—박태용, 권순택, 김명구, 이정주, 최춘복,

조해석, 이용국, 박영주 외 모두—에게도 또한 감사드립니다. 이런저런 사유로 이제는 떨어져 있지만, 그분들과 함께였기에 힘든 시작을 극복할 수 있었습니다. 아울러 현지 생활 정보에 대한 보물창고이자 외국 생활의 어려움을 달래준 항저우 국제 학교의 한국인 부모 모임인 '희동이네' 회원 여러분께도 감사의 말씀을 드립니다. 大家, 非常感谢。

I work in China

Contents

한국을
떠나기까지

China

01

중국에서 일 해 보지 않을래?

○　○　○

2019년은 내가 맞이하는 4번째 돼지해인데 희망에 차야 할 새해 초반에
도 미-중 무역 갈등, 최저임금 상승문제, 세계 경기침체 우려 등 우울한 뉴스
들이 계속되고 있다. 경험을 통해서 알고 있듯이 일자리 부족, 임금 동결, 희
망퇴직 같은 기사가 다시 내일 뉴스에 나올 것이다. 돌이켜보면 1997년 외환
위기가 이런 우울한 뉴스의 본격적인 시작이 아니었나 싶다. 내가 (구)대우자
동차에서 사회의 첫발을 내디뎠던 1996년은 한국 경제의 황금기가 거의 끝
나가는 시점, 예를 들면 웬만한 수도권 대학 졸업생들이라면 여러 대기업으
로부터 취업추천을 받아 회사를 골라가고, 공무원 시험이라면 판, 검사를 뽑
는 사법고시를 떠올리던 그런 시절이었다. 연애, 결혼, 출산, 내 집 마련, 인간
관계, 꿈 등 인생에서 포기할 것이 점점 많아지는 N포 세대 청년들 처지에서

보면 정말 부러운 시기가 아니었나 싶다. 나는 운 좋게 청년기에 이러한 황금 시기의 끝자락을 누릴 수 있었다. 하지만 정작 돈 나갈 일이 절정일 40대 중반이 되고 보니 국내에서 좋은 일자리를 찾기가 매우 힘들어졌다. 왜 이런 상황이 되었을까?

　국가 부도를 막기 위해 IMF와 협상하던 1997년 겨울에 나는 폴란드에서 근무하고 있었다. 당시 대우자동차는 엄청나게 파격적인 3개 차종 동시 개발과 세계 10대 자동차 회사 진입이라는 원대한 목표를 세웠었고 이를 위해 해외 연구소와 공장을 인수, 운영했었다. 그러나 주지하다시피 결과는 처절한 실패였고 이후 대우자동차는 몇 차례의 구조조정을 거쳐 결국에는 GM에 인수되었다. 그 과정에서 나는 이직을 하여 또 다른 해외업체인 르노에 인수된 르노삼성자동차에 입사했다. 르노삼성자동차는 모회사인 르노-닛산의 지원과 삼성이라는 브랜드 파워를 바탕으로 고객만족도 10년 연속 1위라는 놀라운 성과를 이루기도 하였으나 규모의 경제를 달성하지 못하였고 결국 2012년 구조조정을 시행했다. 당시 내가 속해있던 품질본부는 약 40%의 인원을 감축하는 고강도의 조정이 있었고 나 역시 그 대상 중 하나였다. 이후 만도 헬라일렉트로닉스라는 자동차 부품업체에서 2년 정도 근무하면서 협력 업체의 현실도 절감할 수 있었다.

　18년이라는 짧지 않은 기간 동안 몇 차례 이직하면서도 좋은 회사에서 정규직으로 근무할 수 있었던 것은 정말 행운이었다. 그러나 딱 거기까지였다. 나이가 차고, 직급이 올라갈수록 점점 더 불안해졌다. 친인척 중에 흔히 말하는 '빽'도 없고, 회사에서 잘나가는 '줄'에 서지도 못하고, 내세울 만한 학벌도 없는 평범한 능력자가 노력만으로 대기업에서 살아남는 것은 거의 불가능해 보였기 때문이다. 넘어지지 않으려면 자전거의 페달을 계속 굴려야 하듯이 내 남은 인생과 가족을 책임지기 위해 계속 일을 해야 했다. 그러나 특별한 혈연, 학연, 지연 없는 평범한 능력의 나로서는 '사오정'(45세 정년)이 언제 나에게 닥칠지 몰라 두려웠다. 구조조정이란 말이, 희망퇴직이란 말이 얼마나 무서운지 이미 경험해 보았으니까. 그러던 중에 이전 직장 선배로부터 중국에서 일해보지 않겠냐는 제안을 받았다.

사실 처음에는 약간 부정적이었다. 그때까지만 하더라도 나는 중국에 대해 전형적인 구닥다리 생각을 갖고 있었다. 공산국가, 짝퉁 천국, 지저분하고 시끄러운 곳, 우리나라와 축구를 하면 번번이 지는 나라 정도로만 중국을 알고 있었다. 내 고향이자 부모님께서 여전히 살고 계신 서울 영등포구 대림동에는 중국계 이주자들이 많이 살았는데 출퇴근길에서 목격했던 이들의 모습은 중국에 대한 이런 생각이 크게 틀리지 않았다는 증거 같아 보였다. 하지만 선배와 대화를 더 하면서 차츰 생각이 바뀌었다. 선배 본인은 이미 중국 회사에서 일하고 있는데 직접 가서 보니 생각보다 좋다며 몇 가지 예를 들었다.

— 소요기간 5년인 완전히 새로운 4개의 차량을 개발하는 대형 프로젝트 진행
— 채용된 외국인 전문가들에게 팀 구성, 인원 선발 위임 등 상당한 자율권 부여
— 한국보다 좋은 급여 조건

—— 다양한 복리후생

—— 중국이라는 기회의 땅에서 새로운 도전

—— 영어를 공용어로 사용

'Learning by doing' 이라는 말이 있다. 어떤 것을 배우는 좋은 방법은 직접 일을 하는 것이며 이렇게 체득한 배움과 경험이야말로 자신의 진정한 실력이 된다는 뜻이다. 이런 의미에서 1번 같은 조건의 대형 프로젝트는 많은 것을 배울 수 있는 좋은 기회이며 자신의 경력에도 큰 도움이 된다. 그럴 뿐만 아니라 소요기간이 긴 만큼 본인만 좋다면 오랫동안 일할 수 있는 장점이 있다. 그 선배는 나보다 나이가 열 살이나 위였는데, 한국에서였으면 '오륙도'(56세까지 직장에 다니면 도둑놈)가 멀지 않았겠지만 중국에서는 노동계약만 되어있다면 그 기간에는 문제없이 일할 수 있다. 양질의 일자리가 줄어들고 있는 한국의 상황을 고려해 볼 때 중국 회사의 이러한 조건은 매우 큰 매력으로 다가왔다.

2번 역시 상당히 매력 있는 조건이다. 보통의 경우 외국인들에게는 목적된 전문 기능을 수행하게 할 뿐 인사, 예산 권한을 주지 않는다. 내가 원하는 팀 구성 및 인원 선발에 대한 권한을 갖는다는 것은 마치 하얀 종이 위에 새로 그림을 그리는 기분과 같다. 워낙 대형 프로젝트이다 보니 중국 경영진이 과감하게 자율권을 위임한 사례이다.

고국을 떠나 타지에서 일하는 한국인 관점에서는 3번 조건이 당연해 보일 수도 있지만 사실 꼭 그런 것은 아니다. 전 세계 어디에서나 비즈니스는 철저히 Give & Take라 성과가 없다면 보상도 없다. 다만, 중국 업체 입장에서는 대규모 글로벌 프로젝트를 경험한 현지 인력이 많지 않다 보니 경험 있는 외국인을 통해 부족한 부분을 채우려는 의도가 있을 뿐이다. 전문성이 비슷한 수준인 다른 선진국 기술자와 비교하여 한국인 기술자의 몸값(?)이 낮은 것도 한국인을 뽑는 이유라면 이유다.

4번 조건이 결정적인 이직 요인은 아니지만, 중국 회사 측의 배려를 느낄 수 있었다. 외국인 전문가들에게는 연차휴가를 현지인보다 더 많이 주어 외국 생활에서 오는 피로감을 적절히 해소할 기회를 주고 있다. 큰 금액은 아니지만, 항공료, 주택 임차비(일부), 통신비, 교통비 지원은 분명 도움이 되었다. 또한, 설이나 추석 같은 명절, 직원 생일, 회사 창립일에는 선물이 나와 소속감을 느끼게 해준다. 물론, 한국의 공기업이나 대기업에 비교할 바는 못 되지만, 중국 회사에 크게 기대치 않은 것에 비교해서는 나쁘지 않다.

5번 조건은 내가 중국행을 결정하는 데 큰 영향을 준 요인이었다. 역동적인 중국의 경제를 보면서 한국 경제가 잘나가던 1990년대가 떠올랐고 고민하면 할수록 더 늦기 전에 중국행 티켓을 잡아야 한다는 생각이 강해졌다. 중국으로의 이직은 여러 가지 면에서 큰 도전이지만 그만큼 얻는 것도 많을 거라 판단했다. 한편으로, 한국 회사에서 계속 남아 있으려면 조직에 대한 조건 없는 충성, 기대 이상의 성과를 보여주어야 한다는 압박감을 늘 느끼고 있었다. 회사 창립 기념일에 왜 창업자 묘소에 가서 참배하는지, 소통을 강조하면서도 왜 회사의 정책은 아래로만 전달되는지, 얼마나 더 많은 잔업과 특근을 해야 하는지 회의가 들었다. 나 혼자만이라면 그동안 참아왔던 대로, 아니 더 열심히 해서 혹시나 회사에서 인정받을 수도 있었겠지만, 후배 직원들에게 이런 불합리함을 설명하고 따르게 할 자신이 없었다.

중국어를 전혀 몰랐기 때문에 6번 조건에 안심했다. 중국어는 배우기 매우 어렵다고만 알고 있어서 배울 생각을 해본 적도 없었고 급하게 배운다고 바로 되는 것도 아니었기 때문이다. 반면 생존 영어(Survival English)이긴 했지만 평소 업무를 통해 배운 영어로 일상 업무는 큰 지장 없이 소통할 수 있었다. 중국 회사들도 점점 더 글로벌 경제구조에 편입되면서 영어를 공용어로 채택하는 일이 늘어나는 것 같다. 중국 회사 입장에서는 해외 인력을 통해 그들의 노하우를 배우는 동시에 현지 직원들의 영어 실력 및 글로벌 마인드를 높이는 기회로 삼고 있다.

해외 취업을 말할 때 막연하게 미국이나 유럽, 일본 같은 선진국을 생각했었는데 이전에는 몰랐던 중국을 조금씩 더 알게 되면서 매력을 느끼게 되었다. 결론적으로 내 중국행은 새로운 기회를 찾고자 하는 기대와 함께 답답한 국내의 현실을 벗어나려는 일종의 탈출이었다.

중국으로의 취업이 아무리 좋은 방안이더라도 가족이 어떻게 생각하는지 꼭 고려해야 한다. 나의 이직은 아내에게도, 아들에게도 큰 영향을 끼치는 중요한 결정이니 말이다. 그래서 진행된 내용과 이후 예상되는 일들에 대해서 가족에게 설명하고 각자의 생각을 이야기했다. 또한, 최종 결정 전에 해외여행을 겸하여 가족들과 함께 중국 현지를 방문했다. 아파트 단지, 국제 학교 등 생활 환경에 대해서 미리 알아보는 과정을 거쳐 중국으로의 이직을 결정했다. 선배로부터 제안을 받은 시점부터 중국 회사 입사 확정까지 약 4개월이 소요되었고 2014년 4월 드디어 중국으로 출국하게 되었다.

02
준비는 한국에서부터

○ ○ ○

영어와 중국어, 무엇을 준비해야 할까?

전 세계 어디를 가든지 취업하려면 영어가 필수다. 중국에서도 마찬가지라 예전에는 영어 구사 능력을 크게 고려치 않았다고 하는데 요즘은 영어 능력을 중요하게 보는 것 같다. 채용 기업이 중국 내수만을 고려하는 경우가 아니라면 말이다. 한국 기업처럼 TOEIC, TOEFL 같은 공식 영어 성적을 필수로 요구하지는 않더라도 중국 기업 또한 채용 대상자의 영어 구사 능력을 확인하고 있다. 특히, 해외 인력을 채용할 때는 영어 구사 능력이 필수 확인 사항이다. 채용 과정에서 한국인 통역을 두기도 하지만, 대부분은 인사부서와 채용 대상자가 직접 이메일이나 전화통화 또는 화상 회의를 통해 협상한다. 따라서 이메일, 회의록, 보고서 등 문서를 영어로 작성하는 데 문제가 없어야 하고 구두로 사실을 설명하고 자기 생각을 표현할 수 있는 수준은 되어야 한다. 당연한 이야기지만 협상 과정을 통해 지원자의 영어 실력이 고스란히 드러나게 되며 이는 평가에도 반영된다. 그렇다고 영어에 대해서 너무 걱정할 필요는 없는데 어차피 중국이나 한국 모두 영어를 모국어로 사용하지 않기 때문이다. 표현이 문법에 맞는지 틀리는지를 고민하기보다는 의견을 쉽게, 자신 있게 표현하는 게 중요하다. 어쨌든 해외 취업을 하려면 영어는 기본이다. 하긴 나 같은 중년 세대나 영어를 어려워하지 요즘 젊은 사람들은 대부분 영어를 잘하니 일단 기본은 문제없다고 생각된다.

내가 직장생활을 시작하던 1990년대 중반에는 일본어를 배우는 것이 중요했다. 특히 당시 자동차업계 종사자라면 일본어가 필수였다. 자동차 관련 기술, 설비, 부품 중 상당 부분을 일본에서 배워오고 수입했기 때문이다. 한국의 자동차산업이 성장하고 자생력을 갖추게 되면서 일본어가 차지하는 비중은 점차 줄어들었다. 대신, 2000년대 후반부터는 중국어의 중요성이 계속해서 커지고 있다. 중국 내수 자동차 시장 규모가 커지면서 한국산 자동차의 중국 수출이 늘어나게 되었고 국내 부품업체가 중국 완성차 업체에 납품하는 규모 또한 증가했기 때문이다. 이런 상황에서 한국계 업체의 중국 지사 파견뿐만 아니라 중국 현지 업체의 한국인 직접 채용도 늘어나게 되었다. 누군가가 중국 취업을 위해서 꼭 중국어를 할 수 있어야 하냐고 물어본다면 할 수 있으면 좋겠지만 필수는 아니라고 답하겠다. 중국 기업이 한국인 '경력자'를 채용하는 목적은 그들의 숙달된 기능과 풍부한 경험이기 때문에 중국어가 안 된다고 해서 취업에 제한을 두지는 않는다. 오히려 통역을 배정하여 업무를 지원하기도 한다. 현지인보다 더 많은 급여를 받는 외국인 '경력자'를 충분히 활용하기 위해서이다.

물론 중국어를 배우려는 노력은 해야 한다. 어찌 되었건 중국에서 생활하려면 최소한의 의사 표현은 중국어로 할 수 있어야 할뿐더러 중국인들은 중국어를 배우려는 외국인의 노력을 중국에 대한 기본 예의로 간주하기 때문이다. 비록 서툴더라도 중국어로 말하는 모습을 보여줄 때 현지 직원들과 더욱 가까워질 수 있다. 따라서 중국 취업을 계획하고 있다면 기초 중국어, 최소한 중국어의 성조 발음은 연습해두기를 권한다. 유튜브 검색창에 '중국어'를 입력하면 엄청나게 많은 교육자료를 볼 수 있다. 케이블 TV에서도 중국어 교육 프로그램을 찾을 수 있고, 한국에 유학 중인 중국인들에게 직접 배울 수도 있다. 구청에서 운영하는 문화센터에서도 중국어 과정은 단골 메뉴라 마음만 먹는다면 방법은 많다.

앞서 '경력자'라고 콕 집어서 말한 이유가 있다. 회사의 직원 채용을 크게 경력직과 신입직으로 나눌 때 중국에서 한국인이 갈 만한 취업은 경력직 채용이기 때문이다. 이론적으로는 신입직도 불가능한 것은 아니다. 하지만, 중국에서 신입 사원의 연봉은 한국 회사 연봉보다 훨씬 낮다. 내가 근무하는 지리자동차의 경우 현지 대졸 신입 사원의 월급이 한국 돈으로 약 80만 원이 조금 넘는 수준이다. 특별한 기술이나 검증된 능력이 없는 신입 사원에게 한국인이라는 이유로 더 높은 급여를 제공할 리 만무하겠지만 이렇게 낮은 급여를 감수하고 중국으로 취업하려는 한국인도 현실적으로는 없다고 본다. 다만, 중국 회사의 경우 직원들의 연령층이 젊고, 한국처럼 인력 적체가 심한 편도 아니다. 또한, 이직률이 높으며 진급도 빠르다고 할 수 있는데 이직이나 진급 때 급여 변동도 큰 편이다. 이런 점들을 고려한다면 직장 초년생 시절의 불이익을 감수하고서라도 일찍 중국에서 직장을 찾는 것도 방법이다.

대신 신입직으로 취업하려면 중국어 구사 능력도 상당 수준이 되어야 하니 경력직 취업보다는 좀 더 적극적으로 중국어 공부를 해야 할 것이다. 한국에 있는 대학이나 학원에서 운영하는 중국어 과정에 참가하여 집중 교육을 받을 수 있다. 중국 현지 대학에서 외국인을 대상으로 하는 중국어 연수 과정도 좋다. 중국어를 배우는 것만 아니라 현지인들과 직접 교류하며 중국의 문화, 생활 환경 등 향후 중국 취업을 했을 때 겪을 일들을 미리 맛볼 수 있으니 말이다. 직접 보고, 듣고, 맛보면서 배운 생생한 중국어는 자습을 통해 배우는 것보다 훨씬 더 빠르고, 오래간다. 아울러 함께 연수에 참여하는 다양한 국적의 동기생들과 교류하면서 중국뿐만이 아니라 세계로 시야를 넓힐 수도 있다. 외국인을 위한 중국어 연수를 정규 과목으로 운영하는 중국 학교들이 많다.

시간만 허락한다면 이런 정규 학기 과정을 배우는 게 좋겠지만 그렇지 않다면 단기 어학연수도 나쁘지 않다. 베이징이나 상하이에 있는 몇몇 대학들은 여름/겨울 방학 기간 중 중국어 연수 프로그램을 운영한다. 이를 잘 활용한다면 짧은 기간에 중국어 실력을 높일 좋은 기회가 된다. 학교마다 다르지만 짧게는 3주, 길게는 8주간 운영되며 수업료는 한국 돈으로 약 60만 원에서 150만 원 정도이다.(숙식비 별도) 기숙사는 2인 1실 기준 15,000원/일 수준이며 학교 식당의 음식은 2,000~3,000원으로 저렴하다. 내가 참가했던 프로그램은 상하이에 있는 East China Normal University(ECNU)의 겨울 방학 3주 과정으로 하루 4시간 강의와 이후 이어지는 단체/개인 학습 시간으로 구성되어 있었다. 전체 학생 수는 약 90명이었는데 한국 학생이 가장 많았고 동남아, 러시아, 일본 등 10여 개 국가 학생들이 참가했다. 학교 측 설명으로는 연간 6,000여 명의 해외 학생들이 ECNU에서 공부를 한다고 한다. 적지 않은 숫자에 놀랐고 한국 학생들 비율이 가장 높다는 설명에 다시 한 번 놀랐다. 현지 어학연수 프로그램은 중국유학넷 같은 사설 유학원을 통해서 대행하거나 중국 현지 대학에 직접 문의할 수 있다. 대부분 영어 상담을 지원하며 어떤 경우는 한국어를 지원하는 곳도 있어서 직접 알아보더라도 큰 어려움이 없다. 참고를 위해 단기 어학연수 프로그램을 운영하는 대학 몇 곳을 소개한다.

— 华东师范大学(화동사범대학, 상하이 소재) http://english.ecnu.edu.cn/

— 上海外国语大学(상하이외국어대학, 상하이 소재) http://en.shisu.edu.cn/

— 首都经济贸易大学(수도경제무역대학, 베이징 소재) http://english.cueb.edu.cn/

— 哈尔滨工业大学(하얼빈공업대학, 하얼빈 소재) http://en.hit.edu.cn/

현지 체류를 위한 서류 준비하기

한국계 회사에서 중국으로 파견됐다면 회사에서 필요한 서류를 준비하겠지만, 중국 현지 회사에 개인적으로 취업했다면 스스로 준비해야 한다. 중국 회사의 서류 및 면접심사를 통과해서 취업이 최종 확정된 경우를 가정하여 설명하겠다.

회사와 정식 계약을 맺고 취업허가를 받으려면 우선 관광 비자나 상용 비자를 발급받아서 중국에 입국해야 한다. 중국 비자 발급은 여행사 등을 통하여 대행할 수 있다. 중국 회사와 정식 계약을 위해서는 한국에서 가족관계증명서, 범죄기록증명서(경찰서에서 발급), 경력증명서, 학력증명서를 준비해 제출해야 하는데, 중국 회사에서는 이들 서류에 대해 중국 대사관의 공증을 받아오라고 요구한다. 만약 자녀를 중국에 있는 국제 학교나 현지 중국 학교에 보내려면 상기 서류들 외에 출생증명서(Birth certificate), 학생기록부(Official school report), 면역접종증명서(Immunization report)가 추가로 필요하며 역시 공증을 마쳐야 한다. 중국 공증을 대행해 주는 업체나, 해외 유학을 대행해 주는 업체를 통해서 도움을 받을 수 있으니 인터넷으로 검색해 보길 바란다. 공증비용이 만만치 않아서 자녀 학교용 서류들까지 준비하면 200만 원이 넘는다. 그나마 신체검사는 중국 회사에서 지정한 병원에서 하므로 미리 준비할 필요가 없다. 서류가 미비하면 다시 한국에 와서 처리해야 하므로 회사 인사팀에 상세히 확인해 놓아야 한다.

이사, 꼭 해야 한다면

중국에서 구하는 임대 주택 대부분은 기본적인 가구(침대, 식탁, 소파, 책상, 옷장), 가전제품(TV, 냉장고, 세탁기, 에어컨, 가스레인지, 전자레인지)을 갖추고 있다. 그러므로 혼자 중국에 가는 경우, 일상용품과 의류는 중국을 오갈 때 핸드 캐리 하면 되므로 특별히 짐이 많지 않은 이상 이사할 필요는 없다.

가족이 모두 중국으로 이주하거나 옮겨야 할 짐이 많으면 해외 이사를 준비해야 한다. 그러나 취업 후 바로 이사하기보다는 어느 정도 시간이 지나고 나서가 좋다. 이삿짐 통관 때 본인 명의의 거류증(Resident permit)과 취업증(Work permit)이 필요한데 이 증명서는 회사 입사 후 몇 달 뒤에나 받을 수 있기 때문이다. 이사를 대행하는 물류 업체가 별도의 서류로 처리해주는 경우도 있지만 비용이 추가될뿐더러 문제가 생기면 통관도 안 되고 뒤처리가 복잡하다.

중국 이사에 걸리는 시간은 선박을 이용할 경우 최소 1개월 이상이다. 사드 문제처럼 한중 갈등이 있으면 통관이 지연되어 몇 달씩 걸리기도 한다. 사용하던 물건이라도 신제품이나 고가 물품에는 통관 시 세금이 부과된다. 또한 한중 관계나 현지 공무원 사정에 따라 상황이 변동될 수 있다는 점과 아울러 운송 지역과 부피에 따라 이사 비용이 크게 달라질 수 있는 점을 염두에 두어야 한다. 개인적으로는 꼭 필요한 것만 골라 이삿짐을 최소로 줄이길 권한다. 중국 이사 전문 업체가 많이 있으니 인터넷에서 자세히 살펴보고 꼼꼼하게 이사를 준비하길 바란다.

자잘한 일도 꼼꼼하게

여행을 준비하는 모습을 보면 성격이 드러나기 마련이다. 당일 여행을 가더라도 필요하다고 생각되는 물품을 꼼꼼히 챙기는 스타일이 있는가 하면 배낭 하나에 필수품만 담은 채로 몇 주씩 여행하는 스타일도 있다. 전자의 경우에는 사소한 개인 기호품까지 챙겨 오느라 짐이 많고 무거운 반면 후자는 가볍고 빠르지만 물품이 부족하여 편치 않다. 하물며 여행도 이런데 취업을 위해 해외로 이주하는 경우에는 오죽 하겠는가. 고추장, 간장 같은 먹거리부터 비누, 치약, 샴푸 같은 일용품과 담배, 화장품 같은 기호품을 잔뜩 가져오는 경우도 있고, 반대로 한국에서의 준비는 최소한으로 하고 웬만한 것은 현지에서 조달하는 경우도 있다. 중국으로 오기 전에 준비할 기타 사항들은 개인의 스타일에 따라 다르겠지만 몇 가지 자잘한 팁을 이야기해 보겠다.

우선, 외국 생활에서 가장 힘든 상황 중 하나가 아플 때이다. 아픈 것도 아픈 거지만 어디가 아픈지 외국어로 잘 설명하기 힘들어 답답하기 때문이다. 그러니 평소 먹던 약이나 감기, 몸살, 지사제 같은 상비약은 넉넉하게 준비하자. 아울러, 지병이 있거나 평소 복용하는 약이 있을 경우에는 미리 약 이름과 이전 병력에 대해 영어-중국어로 리스트를 작성해 놓는 것도 좋다. 현지에서 갑자기 다치거나 아프면 경황이 없고 말도 통하기 어려운데 이럴 때 도움이 된다.

해외에 취업하여 한국을 떠날 때 본인의 선택에 따라 국민연금과 건강보험 납부를 유예할 수 있으며 유예한 후 다시 되살릴 수 있다. 연금관리공단에 문의하면 자세한 내용을 알 수 있다.

한국 핸드폰 번호 정지 혹은 삭제는 현지 적응이 완료될 때까지 기다렸다가 판단하는 것이 좋다. 아무래도 중국 이주 초기에는 한국과 연락할 일이 많을뿐더러 각종 금융처리나 전자상거래 때 한국 전화번호가 없으면 불편하기 때문이다. 참고로, 중국에서 개통된 중국 전화번호와 한국 인터넷 전화(070)를 연결해주는 서비스도 있다. 한국의 070-XXXX-XXXX로 전화를 걸면 중국의 핸드폰으로 연결되는 방식인데 국제 전화 이용료보다 저렴해서 이용하고 있다.

중국에서는 한국에서 발급한 국제면허증이 통용되지 않기 때문에 국제면허증을 준비할 필요는 없다. 때문에 중국에서 운전을 하려면 중국 운전면허를 취득해야 한다. 다만, 한국 운전면허가 있을 경우 실기 시험이 면제되어 필기 시험만으로 운전면허를 취득할 수 있다.

03

중국 취업으로 가는
다섯 갈래 길

○ ○ ○

한국 경제가 호황이고 좋은 일자리가 많다면 당연히 국내에서 일하길 원하는 사람이 많겠지만 현실이 그렇지 못하다 보니 해외로 취업하길 원하는 사람이 점점 많아지는 것 같다. 해외 취업과 관련한 신문 기사 하나를 인용한다.

한국산업인력공단에서 매해 발표하는 해외 취업 종합 통계에 따르면 전체 해외취업자 중 일본으로 취업하는 인원과 비율 모두 계속해서 증가하고 있는 것으로 나타났다.

2017년 해외취업자 수는 총 5,118명으로 그중 일본이 1,427명으로 1위를 차지했다. 뒤이어 미국(1,079명), 싱가포르(505명), 호주(385명), 베트남(359명), 중국(268명) 그리고 인도네시아(123명) 순이었다.

해외취업자 수는 해가 갈수록 증가하는 추세다. 통계에 따르면 전체 해외취업자 수는 2013년 1,607명에 불과했지만 2017년 기준 5,118명까지 증가했다. 그러나 구직 인원보다 취업 인원이 적어 취업률은 저조한 것으로 나타났다. 2017년 기준 구직등록 인원은 2만 2,997명이었지만 취업자 수는 5,118명에 불과했다. 백분율로 따지면 약 22.3%에 불과한 수치다.

업종별로는 사무/서비스업이 3,419명으로 1위, 직종별로도 사무 종사자가 1,817명으로 1위를 차지했다. 다른 분야의 인원도 조금씩 늘어나는 추세이지만 2017년 전체 해외취업자 중 66.8%가 사무/서비스업일 정도로 압도적인 비율을 차지했다.

인크루트 서미영 대표는 "국내 취업난이 장기화하면서 해외 취업이 대안으로 대두되고 있다"라며 "우리나라 인재들은 다른 아시아 국가 인재들과 비교하면 평균적으로 뛰어난 외국어 실력을 보유하고 있기 때문에 자신감을 가지고 도전한다면 괄목할 만한 성과를 이룰 수 있지 않을까 기대해본다"라며 소감을 전했다.

2018-10-11 파이낸셜 뉴스
한영준 기자 fair@fnnews.com

한국산업인력공단의 통계에 따르면 중국 취업자 수가 268명이라고 한다. 어떻게 통계를 집계하는지는 모르지만, 중국에서 체감한 바에 비하면 실제 취업자 숫자는 더 많아 보인다. 인사 팀에 문의해 보았더니 내가 근무하는 지리자동차만 하더라도 70명 넘는 한국인이 일하고 있다고 했다. 다른 자동차 회사에도 한국인들이 적지 않게 있는 것으로 알고 있는데, 한국인 취업자가 비단 중국 자동차업계에만 있지는 않을 것이다. 즉, 중국에서 일하는 한국인 취업자 수는 더 많지 않을까 추측된다. 다만, 직장 생활을 중국에서 시작하는 한국인 신입 사원의 수는 아직까지 많지 않을 것으로 추정된다. 왜냐하면 중국에서는 공채가 따로 없어 기업이 필요에 따라 수시로 인원을 채용하기 때문이다. 그러다 보니 중국에서 대학을 졸업하지 않는 이상, 외국인이 처음부터 중국 회사에서 직장 생활을 시작한다는 것은 현실적으로 어렵다. 하지만, 중국 대학에서 유학중인 한국 학생 수가 적지 않은 만큼 앞으로는 한국인 신입 사원도 늘어나지 않을까 예상해 본다.

내가 HR 전문가는 아니라서 중국 채용 시장의 전체적인 상황이나 전망을 논하기에는 적절치 않을 수 있다. 다만, 지난 5년간 중국에서의 경험을 토대로 정리하자면 중국 취업 경로는 아래와 같이 크게 다섯 가지로 나누어 볼 수 있다.

먼저 중국에 취업한 동료가 추천하는 경우

앞서 설명한 바와 같이 한국인이 신입 사원으로 중국 회사에 취업한 사례는 매우 드물어 한국에서의 경력을 가지고 중국 회사에 취업하는 것이 일반적이다. 중국에서 지내는 동안 자동차 회사 직원 외에 화장품 회사 직원, 게임 회사 직원, 의류 회사 직원 등 다양한 분야의 현지 회사에서 근무하는 한국 사람들을 만날 수 있었는데 대부분 지인 소개로 취업한 경우였다. 한국이건 중국이건, 어디가 되었든지 어떤 경로로 취업을 하게 되었든지 이전 회사에서 일 잘하던 동료, 함께 근무할 때 호흡이 잘 맞던 동료를 찾는 마음은 똑같다. 회사를 그만두고 나올 때는 다시 안 볼 것 같더라도 동종 업계에서 계속 일을 하는 한 이전 회사에서 있었던 인연이 완전히 끊어지지는 않는 것 같다. 세상이 생각보다 좁아서 이전 직장에서 알았던 동료, 거래처와 다시 일하게 되는 경우가 적지 않다.

사실, 내 경우가 여기에 해당한다. 내가 중국에 오게 된 것도 이전 회사 선배의 추천 때문이었다. 중국 회사 내에서도 이전에 한국에서 같이 일했던 이전 동료들을 적지 않게 만날 수 있었고 심지어, 폴란드에 파견되어 같이 일했던 20년 전 선배를 중국에서 다시 만나기도 했다. 지나온 과거를 돌이켜보며 한국에서의 경력관리가 매우 중요하다는 것을 다시 한 번 느끼게 해준 사례였다. 해외 취업을 계획한다면 그 첫 단계가 현재 일하고 있는 직장 동료들과 좋은 관계를 유지하는 것이라 말해주고 싶다.

헤드헌터를 통하는 경우

앞서 설명한 1번과 유사한 배경이다. 어느 분야가 되었건 꾸준히 경력을 쌓게 되면 나름의 평판이 생긴다. 주변에서 '그 사람 일 잘하죠'라는 평가를 받게 된다면 어느 순간 당신은 헤드헌터의 명단에 오르게 된다. 상당수의 헤드헌터가 인사 업무를 담당했거나 해당 업계에서 오래 일했던 사람이라 한두 다리 건너면 적합한 대상자를 알 수 있기도 하고, 헤드헌터를 통해 이직한 사람이 주변 지인을 추천하는 경우도 있다. 처음에는 중국 취업을 전문으로 하는 한국 헤드헌터로부터 연락을 받지만 나중에는 중국 현지의 헤드헌터에게서 제안이 오곤 한다. 헤드헌터는 업계의 채용 정보를 잘 알고 있으며 계약, 급여, 복리 후생 등 구체적인 내용에 대해서도 도움을 줄 수 있다. 해외에서 일하기 위해서는 인력 시장(job market)의 상황을 꾸준히 파악하고 있어야 한다. 당장 이직을 하지 않더라도 헤드헌터와 좋은 관계를 유지하면서 정보를 파악하는 것은 최소한의 안전장치라 할 만하다. 일부 중국 회사에서는 한국인 전문가 채용을 위해 한국계 헤드헌팅 회사를 적극 활용하는 것으로 알려져 있다. 이런 헤드헌팅 회사와 연락이 되어 중국 취업을 추진할 경우 성공 확률이 높다고 볼 수 있겠다.

채용공고 사이트를 통하는 경우

전 세계 구인 구직 정보를 검색할 수 있는 Linked in (www.linkedin.com)이 대표적이다. 원하는 지역, 업종, 직위 등 본인이 원하는 조건으로 검색할 수 있고 자신의 이력서를 게시하면 채용에 관심 있는 회사나 헤드헌터로부터 연락을 받을 수 있다. SNS 기능이 있어서 지인들과 1촌을 맺거나 관심 기업을 follow 하면 관련 정보를 지속해서 받아 볼 수 있다. 세계 각국의 다양한 언어로 지원되는데 중국 취업을 준비한다면 국문 버전 외에 영문, 중문 버전 이력서도 작성하는 것이 좋다. 아울러 자신의 경력 사항을 꾸준히 업데이트하며 관심 기업 기사나 업계 뉴스를 스크랩하거나 코멘트를 다는 등 적극적인 활동을 하는 것도 취업 성공 확률을 높이는 방법이다.

　한국산업인력공단에서 운영하는 월드잡이나 국내 사이트인 잡코리아, 사람인 등에서도 해외 취업 정보를 확인할 수 있다. 중국에서는 즈렌 자오핀(智联招聘), 중화잉차이왕(中华英才网)이 대표적인 구인 구직 사이트이다. 아직은 중국어만 지원하고 있어서 중국어가 서툰 사람에게는 익숙하지 않겠지만 중국 대부분 회사가 참고하는 사이트니 이용할만하다.

채용 공고 사이트

- 월드잡　http://www.worldjob.or.kr
- 잡코리아　http://www.jobkorea.co.kr
- 사람인　http://www.saramin.co.kr
- 智联招聘　http://www.zhaopin.com
- 中华英才　http://www.chinahr.com

智联招聘 홈페이지

中华英才 홈페이지

한국 회사의 중국 지사에서 근무하는 경우

KOTRA의 자료에 따르면 중국에 진출한 한국 기업 수는 3,700개가 넘는다. 이것도 모두가 아니라 정보 제공에 동의한 기업만이라고 하니 실제는 훨씬 더 많을지도 모른다. 중국에 진출한 한국 기업의 중국 주재원으로 일하는 경우, 한국 본사의 지원 속에 일할 수 있어서 중국 회사에 취업하는 것보다는 현지 적응에 유리하다. 주재원 파견 종료 후 현지 채용으로 변경되거나 다른 중국 회사로 이직하는 경우도 있다. 이 경우 이미 중국에서 기본적인 네트워크와 업무 경험을 갖춘 상태이기 때문에 큰 문제없이 이직할 수 있는 장점이 있다. 다만, 중국 회사는 문화나 관리 방법 등에서 한국 회사와 차이가 있으니, 새로운 환경에 적응해야 하는 노력은 피할 수 없다.

중국 동료가 추천해 주는 경우

중국 회사에서는 직원들의 이직이 잦은 편이다. 내가 처음 중국에서 근무하기 시작한 2014년에 같은 부서에서 함께 근무했던 중국 직원이 약 70명이었는데 5년이 지난 지금까지 남아 있는 직원은 한 명도 없다. 나와 같이 일한 팀원이 12명이었는데 2018년 한 해에만 7명이 바뀌기도 했다. 다소 특별한 사례이긴 하지만 내가 지켜본 바로는 대개 2~3년 간격으로 회사를 옮기거나 부서를 옮기는 경우가 일반적인 것 같다.

중국 경제 자체가 워낙 역동적이기도 하거니와 회사의 경영 환경도 매우 빠르게 변화하고 있어서 직원들의 들고 나감이 일상이다. 더욱이 중국 직원들은 이해타산이 빨라서 현재 급여 조건보다 조금이라도 더 많은 급여를 제시하는 곳이 있으면 크게 미련 두지 않고 이동하는 경향이 있다. 좋다 나쁘다의 문제라기보다는 중국 문화의 일면이다. 이렇게 이직한 중국 동료들이 새로운 직장이나 새로운 부서에서 구인 정보를 얻으면 이전 동료들에게도 알려주는데 실제 채용까지 이어지는 비율이 높다. 같이 일했던 동료들의 평가를 신뢰하는 것은 중국 회사도 마찬가지이다. 이전에 나의 지시를 받던 중국인 후배가 나중에는 새로운 회사의 상사가 되어 면접을 보는 경우도 있다. 따라서 같이 일하는 중국인 동료 한 명 한 명을 미래의 고객이라는 관점에서 대할 필요가 있다.

04

중국 취업, 넘어야 할 산들

○ ○ ○

중국 취업 절차는 한국과 크게 다르지 않아 아래와 같은 순서를 따른다.

채용 정보 입수 → 이력서/자격증/기타 증빙자료 준비 → 입사 지원 →
서류심사 → 면접심사 → 계약조건 확정 → 채용통보 → 첫 출근

다만, 외국인의 신분으로 중국에서 일하는 만큼 복잡한 행정 절차를 거쳐
이에 따라 시간과 노력이 적지 않게 든다. 앞부분에서 채용 정보 입수 방법
에 대해 설명했으니, 이번에는 취업 절차에 대해서 하나씩 살펴보겠다.

이력서는 전문가답게

취업하는 경로가 다양한 만큼 이력서는 국문, 영문, 중문 버전을 각각 준비하는 것이 좋다. 영문, 중문 이력서라고 해서 내용이 특별하게 다르지는 않으며 일반적으로 아래의 내용이 포함되어야 한다.

국문	영문	중문
개인정보 (이름, 성별, 국적, 출생연도, email, 전화번호, 주소)	Personal information	个人信息
학력 (졸업학교, 재학 기간, 전공)	Education	教育背景
장점 (본인 장점, 보유 기술, 능력)	Key recommendation	推荐重点
직장 경력 (회사 이름, 근무 기간, 직위, 수행업무, 주요 성과)	Work experience	工作经历
자격증 (보유 자격증, 수상 이력)	Certificate	证书
급여 (현재 수준, 기대 수준)	Current salary & expectation	目前现状和期望薪资
기타 (외국어/컴퓨터/입사 가능 시점 등)	Others	其他

중문 이력서를 작성할 때는 몇 가지 참고할 사항이 있다. 중국 직원들의 이력서를 보면 대부분 이전 직장 경력이 매우 화려하다. 이직이 빈번한 만큼 자신의 실적을 부풀리거나 과장하는 경우가 많아서 직장 경력 3~4년 차의 직원이더라도 이력서에는 거의 임원이나 팀장 수준급의 경력 – 예를 들면, '00 제품 개발', '00 프로젝트 관리', '00 시스템 구축' 등 – 을 과장해서 기술하기도 한다. 따라서 중국 회사에 지원하는 한국인이라면 이력서를 너무 과장할 필요는 없다 하더라도 본인이 이루어낸 결과를 자신 있고 명확하게 쓸 필요가 있다. 한국인의 특징 중 하나인 겸손함을 지나치게 발휘하여 쓴 이력서는 그다지 특별할 것 없는 이력서로 보일 수 있다. 특히, 한국에서의 경력을 가지고 중국으로 이직하는 경우에는 참여했던 프로젝트의 규모, 담당 업무 및 성과 등을 구체적으로 기술하여 자신의 전문성과 능력을 잘 표현해야 한다.

이전 직장에서 성과가 좋았고 관리자와 사이가 원만하였다면 추천서를 부탁하여 첨부하는 것도 좋은 방법이다. 국제적 명성이 있는 기업의 고위직으로부터 추천서가 있을 경우 후광효과를 받을 수도 있다. '소싯적 어려운 환경에서 자랐지만, 사랑하는 부모님과 존경하는 스승님…' 같은 신변잡기식 이야기는 오히려 지원자의 전문가다운 모습에 감점이 되므로 피해야 한다. 당연한 이야기이지만, 작성된 문서의 완성도 또한 서류심사 결과에 영향을 미친다. 오타가 있다거나 연도나 숫자 표시가 잘못되어 있다면 지원자의 기본적인 자질이 의심받게 될 수 있으며 문서 레이아웃, 폰트 같은 사소한 부분도 실수가 없어야 한다. 지나친 구어식 표현과 과다한 약어 사용 역시 바람직하지 않다.

중국은 아직 젠더(Gender) 감수성이 선진국 같지 않아서 이력서에 결혼 여부와 가족 관계를 묻는 일도 있다. 로마에 가면 로마법을 따르듯이, 당혹스러운 질문을 받더라도 따지기보다는 부드럽게 대응하는 것이 좋다.

자격증 및 기타 증빙 자료 준비하기

TOEFL, HSK 시험이나 ISO 9001/ISO 14001 심사원 자격처럼 국제적으로 인정되는 자격증이 있는가 하면 해당 국가 안에서만 알려진 자격증도 있다. 중국 회사에 지원할 때에는 일단 지원자가 취득한 모든 자격증을 제출하는 것이 좋다. 가능하다면 영어로 작성된 자격증을 제출하고 한국어로 된 자격증은 별도의 문서를 첨부하여 어떤 자격증인지 설명해야 좋다. 대학(원) 졸업증명서, 이전 직장 재직 증명서 역시 영문 버전을 준비하는 편이 좋다. 엔지니어의 경우 특허나 연구 논문 실적이 있으면 플러스 점수를 받을 수 있고, 책을 출간하거나 신문/잡지에 투고하거나 방송에 출연한 경험이 있다면 적극적으로 어필해 볼 필요가 있다. 사내외 수상경력, 해외 연수 실적, 직무 교육/훈련 실적 역시 언급하는 것이 좋다. 중국 회사 관점에서 자사에 채용된 외국인 직원은 업무뿐만이 아니라 홍보 차원에서도 활용될 수 있어 스타성이 있는 외국인을 더 환영한다.

첫 번째 관문, 서류심사

지원자가 제출한 이력서와 자격증, 기타 증빙 자료를 바탕으로 회사는 서류심사에 들어간다. 이력서에 기록된 경력에 허위 사실은 없는지, 급여 수준에 과장은 없는지, 자격증이나 기타 증빙 자료가 위조되지는 않았는지 조사한다. 그뿐만 아니라 평판 조회(Reference check)를 해서 지원자가 근무했던 이전 직장에서 성과가 어땠는지, 직장 상사나 동료와 문제는 없었는지 등을 확인한다. 이때 부정적인 피드백이 있으면 채용을 장담할 수 없다. 동종 업계에 있는 이전 상사, 동료들이 평가한 지원자의 능력이나 업무태도는 본인이 제출한 이력서의 내용보다 훨씬 신뢰할 수 있는 정보이기 때문이다.

서류심사 통과율이나 소요 시간은 회사 사정이나 채용담당자에 따라 천차만별이라 정의하기가 힘들다. 내가 관리자로 있으면서 중국 직원을 채용했던 경험에 비추어보면 두 명 중 한 명만이 서류심사를 통과했다. 이전 직장동료의 추천을 통해서 지원한 경우라면 서류 합격 비율이 더 높아서 몇 주 안에 결과를 받기도 하지만 지원자가 직접 지원한 경우에는 몇 달이 걸리기도 한다. 만약 서류 제출한 지 한 달이 지났는데도 연락이 없다면 인사 담당자나 헤드헌터에게 진행 상황을 확인해 보길 바란다.

면접심사, 드디어 중국으로

서류심사를 통과했으면 중국 회사에 취업하기까지 절반은 지났다. 하지만 끝까지 방심하면 안 된다. 99%를 통과했더라도 아직은 취업 확정이 아니기 때문이다. 면접 방식은 전화(화상) 면접, 대면 면접으로 나눌 수 있다. 전화(화상) 면접은 최종 단계라기보다는 서류 면접에 이은 2차 심사(Screening)다. 채용이 확실치도 않은데 한국에 있는 지원자를 중국으로 불러들여 면접하기에는 부담스럽기 때문이다. 만약 지원자를 추천한 사람이 높은 자리에 있거나 서류심사 결과가 아주 좋다면 전화(화상) 면접 없이 바로 대면 면접(Face to Face interview)으로 넘어간다. 서류심사가 통과되면 인사 담당자와 지원자가 서로 협의하여 면접이 가능한 일정을 정한다.

일반적으로 전화(화상) 면접은 1시간 정도 진행되는데 회사 측에서는 인사 담당자와 해당 부서 팀장이 참석한다. 이력서에 적힌 내용 외에 업무와 관련한 질문, 예를 들어 업무 프로세스, 관련 부서 업무 협조, 업무 결과물 등에 대해 구체적으로 질문하고 확인한다. 회사 문화나 경험의 차이 때문에 면접관과 지원자 사이에 이견이 있을 수 있다. 권위적인 중국인의 경우 자신의 의견이 옳다고 우기면서 지원자를 압박하는 사례도 있다. 이럴 때는 맞받아치기 보다는 다른 회사의 사례나 해외 선진 업체들의 사례를 차분히 설명하는 것이 바람직하다. 위기를 오히려 지원자의 풍부한 식견을 보여주는 기회로 활용하는 것이다.

전화(화상) 면접에도 꼼꼼한 준비가 필요하다. 영어나 중국어 실력이 된다면 문제없겠지만 회사와 지원자 사이에 영어나 중국어로 소통이 어렵다고 판단되면 면접일정을 정할 때 미리 통역을 요청하는 것이 좋다. 부족한 외국어 실력을 보여 주는 것보다는 말이 통하지 않아서 자신을 홍보하지 못하는 것이 더 큰 문제니까 두려워하지 말고 통역을 활용하길 바란다. 통역이 배석하게 되면 면접시간도 더 길어지게 되니 일정도 넉넉하게 잡아야 한다. 전화(인터넷) 연결 상태도 미리 점검해야 한다. 연결이 안 되거나 잡음이 많으면 지원자 본인도 당황하게 되고 면접관도 짜증이 나서 좋은 결과를 기대하기 어렵다. 처음 면접 일정을 정할 때와 전화(화상) 면접 시작 전에 연결 상태를 확인, 재확인하고 만약의 사태에 대비한 비상연락처도 미리 확인해야 한다.

서류심사에 이어 전화(화상) 면접도 통과했다면 마지막 채용까지 얼마 남지 않았다. 가장 큰 관문인 대면 면접만 남았기 때문이다. 이전과 마찬가지로 인사 담당자와 면접 가능 일정을 조율하는데, 지원자의 여권(남은 유효기간이 최소 6개월 이상)과 중국 비자에 문제가 없는지 미리 확인해 두어야 한다. 대부분의 경우, 중국 회사에서 왕복 항공권과 1박 2일 호텔 예약권을 지원자에게 제공한다.

대면 면접에는 인사권을 가진 부서 최고 책임자가 참가하며 때에 따라 전화 면접을 진행했던 팀장이 배석하기도 한다. 대개 실무 선에서 논의되었던 내용을 재확인하고 입사 후 맡게 될 업무, 직위, 급여 등 노동 계약서에 담길 내용을 확정한다. 중국 조직에서는 부서장의 권한이 거의 절대적이기 때문에 첫인상부터 좋아야 한다. 지금까지 진행된 채용 과정에 대하여 감사 표시를 하고 중국 이직에 대한 남다른 각오와 비전을 설득력 있게 설명하는 것이 좋다. 앞서 언급한 바와 같이 중국에서는 면접 시 개인적인 질문 – 결혼을 했는지, 가족 관계는 어떤지, 자녀가 있는지, 술/담배를 하는지 등 – 을 묻기도 한다. 모욕적인 내용이 아니라면 문화 차이가 있음을 고려하여 적절히 대응하는 것이 좋다.

대면 면접을 무사히 마쳤다면 결과를 통보 받는 데까지 그리 오래 걸리지 않는다. 빠른 경우에는 대면 면접을 마치고 한국으로 돌아오는 비행기를 타기 전에 통보를 받기도 하고 늦더라도 일주일 안에는 결과를 받는다. 일반적인 경우는 이렇지만, 채용 대상자가 임원급이거나 특별한 경우 (급여가 매우 높거나, 예외적인 복리 후생 제공이 필요한 경우 등)에는 최고 경영자의 승인이 필요하게 되므로 시일이 오래 걸릴 수 있다. 몇 주가 지났는데도 회사 측으로부터 연락이 없다면 직접 회사에 연락하여 확인하는 것이 좋다.

노동계약에는 어떤 조항이 있을까?

최종 결정권자의 OK 사인이 떨어지면 인사 담당자는 노동계약(劳动合同, Labor Contract) 초안을 작성하고 이를 지원자에게 보낸다. 다른 나라와 마찬가지로 중국 법에도 노동계약에 대한 표준 양식이 있고 회사에서도 표준에 부합하는 계약서를 사용한다. 외국인 직원과 계약할 때는 중문과 영문이 병기된 계약서를 사용하는데 법적으로는 중문본이 우선권을 갖는다. 주요 내용은 다음과 같다.

—— 표지
법인 이름, 부서, 직원 이름

—— 계약 주체
고용인 (甲方, 用人单位, 갑) : 법인 이름, 대표자 이름, 법인 주소

피고용인(乙方, 劳动者, 을) : 직원 이름, 성별, 여권 번호, 고국 주소

— **노동계약 기간(劳动合同期限)**
계약 시작일, 종료일을 말한다. 최초 계약일 경우 일반적으로 1~3년이나 상황에 따라 다를 수 있다.

— **업무 내용 및 근무지(工作内容和工作地点)**
계약 기간 중 조직 변경, 근무지 변경, 해외 출장 등 여러 변수를 고려하여 구체적으로 명시하지 않는다. 갑의 의견에 따름으로 명시하는 것이 보통이다.

— **노동 보호, 노동 조건 및 산업재해 방지(劳动保护, 劳动条件和职业危害防护)**
갑, 을 모두 노동법 및 노동계약 관련 중국 법규를 준수하겠다는 내용이다.

— **업무 시간, 휴식, 휴가(工作时间与休息休假)**
필요 시 갑은 잔업, 특근을 요구할 수 있고 부당한 경우가 아닌 한 을은 따른다는 내용이다. 면접 시 협의를 완료한 연휴 일수도 명시되어 있다. (법정 공휴일 별도)

— **급여 산정 기준(劳动报酬及计算标准)**
면접 시 협의가 끝난 급여 금액 및 지급일이 명시되어 있다.

— **사회보장보험 및 복리(社会保险和福利)**
면접 시 협의가 끝난 복리 후생 조건이 명시되어 있다.

— **노동 규칙(劳动纪律)**
관련 중국 법규를 준수하여 작성된다.

— **지적 재산권 및 비밀 준수(知识产权和保密条款)**
관련 중국 법규를 준수하여 작성된다.

— **권리 소유(权利归属)**
재직기간에 발생한 지적 재산이 갑의 소유임을 명시되어 있다.

—— **발명자 의무 보상**(发明人义务, 奖励和报酬)

재직기간에 을이 발명한 지적 재산에 대해 갑은 적절한 보상을 해야 함이 명시되어
있다.

—— **보안 준수 의무**(保密义务)

관련 중국 법규를 준수하여 작성된다.

—— **퇴직 조건**(离职条款)

관련 중국 법규를 준수하여 작성된다.

—— **경쟁사 제한**(竞业限制)

관련 중국 법규를 준수하여 작성된다.

—— **계약 변경, 해지, 종료 및 연장**(合同的变更, 解除, 终止和续订)

조건 없는 해고 사항(수습 기간을 통과하지 못할 경우, 을이 제출한 인사자료에 허위
사실이 있을 경우, 사내 규칙을 심각하게 위반한 경우, 범죄를 저지른 경우)가 명시되
어 있다. 기타 관련 중국 법규를 준수하여 작성된다.

—— **배상책임**(赔偿责任)

관련 중국 법규를 준수하여 작성된다.

—— **양방 기타 합의 내용**(双方其他约定)

—— **부칙**(附则)

분쟁 발생 시 조정 절차 명시. 관련 중국 법규를 준수

—— **서명**

고용인(甲方, 갑) : 법인 인감
피고용인(乙方, 을) : 서명

회사로부터 계약서 초안을 받으면 단번에 OK 사인을 보내기 보다는 며칠

여유를 두고 내용을 꼼꼼히 살펴보는 것이 좋다. 변경이 필요한 부분이 있으면 인사 담당자에게 문의하여 변경 가능 여부를 확인하며 오·탈자가 있으면 수정도 해야 한다. 아래 계약 시 주의사항에 대해서도 모두 확인이 끝나면 그때 동의 결과를 회신한다.

채용 합격! 드디어 중국 회사원이 되다

"축하합니다. 모든 심사 과정을 마치고 채용통보를 받으셨습니다."

인사 담당자는 축하 인사와 함께 중국 현지 출근에 대한 정보를 알려줄 텐데, 보통의 경우 합격자에게 계약서에 명시된 근무 시작일보다 1~2일 먼저 입국하도록 제안한다. 아울러, 첫 출근 시 준비해야 할 각종 서류도 알려주는데 중국대사관 공증이 완료된 가족관계증명서, 범죄기록증명서, 경력증명서, 학력증명서와 각종 자격증, 수상기록 등 이력서에 기록된 증빙 문서 원본을 요구한다. 채용된 직원이 당장 머물 중국 내 거주지가 없으므로 임시로 머물 수 있는 숙소를 알선해 주기도 한다. 회사 비용으로 호텔을 제공해 주기도 하는데 채용 정책에 따라 짧게는 며칠, 길게는 몇 주간 지원되기도 한다. 회사마다 조건이 다르니 인사 담당자와 논의하면 된다.

면접을 위해 회사를 이미 방문한 적이 있지만, 여전히 현지 정보를 잘 모르는 외부자이기 때문에 자세한 교통편, 소요시간에 대해서도 미리 확인해야 한다. 숙소를 찾지 못해 큰 여행용 가방을 소지한 채로 우왕좌왕하거나 출근 첫날부터 지각하는 일은 없어야 하니까.

드디어 첫 출근이다. 처음 직장생활을 시작하는 신입 사원이든, 직장을 몇 차례 옮겨본 경력 사원이든 중국에서의 첫 출근은 엄청나게 가슴 떨리는 일일 것이다. 또한 첫 인상은 언제나 중요하다. 중국 회사에서 처음 업무를 시작하는 이때 주변 동료에게 보여지는 나의 모습이 앞으로 펼쳐질 중국 생활에 큰 영향을 끼친다. 친절하고 가까운 친구 같은 모습으로 할지 아니면 신중하고 진지한 전문가의 모습으로 다가갈지는 온전히 자신만의 몫이다. 어떤 방식으로 접근하건 중요한 것은 믿을만하고 능력 있는 동료라는 인식을 갖게 하는 것이다.

긴장하다 보면 실수도 하기 마련이니 첫 출근부터 늦는 일이 없도록 일찍 준비하고 제출해야 할 서류들도 빠진 것이 없는지 다시 한 번 확인하자. 부서장과 동료들에게 할 인사말도 미리 연습해 놓고 채용 과정에서 여러 가지 번거로운 일들을 처리해 준 인사 담당자에게 줄 선물도 준비한다. 너무 비싼 선물은 오해를 살 수 있으니 간단한 것이 좋다. 인사 담당자를 만나 준비된 서류를 제출하고 근무하게 될 부서에 가서 부서장과 동료들과 인사를 나누고 자리를 배치 받는 사이 첫 출근 날은 정신 없이 지나간다. 온종일 긴장했던 탓에 호텔로 돌아오고 나면 녹초가 되는데 심할 경우 입술이 부르트거나 몸살에 걸리기도 한다. 너무 긴장하지 말고 여유를 가져야 한다. 긴 여행이 이제 막 시작한 셈이니까 말이다.

첫 출근 이후 회사생활에 필요한 여러 행정 절차는 대부분 회사에서 처리한다. 한국 회사에서처럼 기다렸다는 듯이 빠르게 진행되지는 않지만, 직원

ID card, PC, email 계정, 사무용품 지급이 차례로 이루어진다. 내 경우에는 첫 출근 후 2주가 지나도록 회사 PC를 받지 못해서 가지고 간 개인 PC로 일을 했다. 개인 노트북이라서 사내 인트라넷 접속이나 USB 사용이 안 되었기 때문에 업무 수행하는데 적지 않은 불편이 있었다.

중국에서는 느릿느릿 진행되는 행정에 익숙해져야 하는데 빨리 적응해서 뭔가를 보여주고 싶은 한국 직원으로서는 '만만디(천천히)'로 알려진 중국식 행정이 매우 답답하다. 그러나 가끔은 중국식 속도에 대해서 다시 한 번 생각하게 된다. 사실, 중국 회사의 일 처리가 이렇게 느린 것만은 아니기 때문이다. 무모해 보일 정도로 빠르게 처리하는 사례도 적지 않아서 회사 내 조직 변경이나 대규모 투자같이 중요한 결정도 순식간에 이루어지는가 하면 며칠이 걸릴만한 복잡한 업무를 오전에 지시해 놓고는 결과를 퇴근 전까지 보고하라는 일도 있다. 이런 이중적인 중국 속도를 느낄 때마다 나는 속으로 이렇게 생각한다. '그래, 중국 속도라는 것이 결국은 너희들 편한 대로 들쭉날쭉한 거 아니야?'라고 말이다. 어쨌든, 중국 생활 초기에는 답답함에 속 터질 일이 자주 있을 텐데 잘 적응하는 것 외에는 다른 방법이 없다. 정작 중요한 절차가 아직 남아 있으니 말이다.

중국 취업, 끝날 때까지 끝난 게 아니다

노동 계약서를 작성하고 출근을 했더라도 신입 한국인 직원은 법적으로는 아직 '방문자' 신분이다. 가지고 있는 중국 비자도 아직까지는 취업 비자가 아니라 관광 비자일 테다. 우선은 노동 관청으로부터 '취업허가증'을 받아야 한다. 한국에서 공증을 마친 서류 (가족관계증명서, 범죄기록증명서, 경력증명서, 학력 증명서)를 인사 담당자에게 제출하면 나머지는 회사에서 알아서 처리해 준다. 이후 노동 관청으로 취업허가증이 나올 때까지 기다려야 한다. 관광 비자로 중국에 머물 수 있는 기간이 최대 90일이므로 이 기간 내에 취업허가증을 받는 것이 좋다. 기간을 넘기면 한국에 돌아가서 관광 비자를 새로 받은 후 관광객 신분으로 중국에 다시 와야 하는 번거로운 일이 발생한다. 특별한 문제가 없다면 관광 비자 만료 기간 내에 나오는 것이 정상이지만 종종 더 늦어지는 예도 있다. 회사에서 늦어지기도 하고, 관청에서 늦어지기도 한다. 거듭 말하지만, 중국에서는 기다림에 익숙해질 필요가 있다.

외국인취업허가증
(外国人就业许可证书)

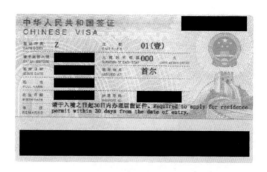

취업 비자
(Z 비자)

마침내 외국인취업허가증(外国人就业许可证书)이 발급되면, 이 '취업허가증'을 가지고 한국으로 돌아가서 한국 주재 중국 대사관에 취업 비자(일명 Z비자)를 신청한다. 관광 비자를 발급받았을 때와 같이 대행업체를 통해서 처리할 수 있는데 4일 이내로 받아볼 수 있으며, 돈을 더 내서 급행으로 처리하면 그날 발급받을 수 있다.

취업 비자를 받았으면 이제 다시 중국으로 돌아가서 다음 단계를 진행한다. 중국에 도착하면 입국 15일 이내에 서류를 갖추어 외국인인력자원관리국(外国专家局, Foreign Experts' Affairs)에 취업증(工作许可证, Work permit)을 신청해야 한다. 또한, 입국 30일 이내에 관할 관청(出入境检验检疫局, Entry-Exit Inspection and Quarantine Bureau)에 외국인 거류증(外国人居留许可, Residence permit for foreigner)를 신청해야 한다. 각 기간을 넘기게 되면 취업 비자 효력이 상실되며 이전까지 진행한 과정을 처음부터 다시 해야 하는 불상사가 생긴다. 정말이지 다시 하고 싶지 않은 번거로운 일이다.

모든 절차가 문제없이 끝났으면 신청일로부터 15일(근무일 기준) 후에 취업증과 외국인 거류증을 받을 수 있다.

취업증(工作许可证) 앞, 뒷면

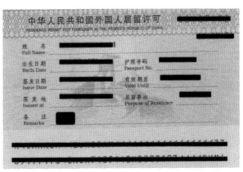

외국인 거류증(外国人居留许可, Residence permit)

취업증은 우리나라 주민등록증 같은 카드 형태로 발급되고 외국인 거류증은 신청자 여권에 부착되어 발급된다. 통상 1년 주기로 갱신이 되는데 회사와의 협의 결과에 따라 최대 기간인 3년짜리 허가를 받는 때도 있다.

사실, 2016년 말에 실시된 중국 정부의 외국인 재중취업허가 정책 강화의 영향으로 중국 내 외국인 취업이 다소 어려워졌다. 내용을 요약하자면 중국 취업 외국인을 A, B, C 세 가지 유형으로 구분하여 기준에 따라 분류하여 관리한다는 것이다.

A 외국인 고급 인재

중국 경제·사회의 발전에 시급히 필요한 과학자, 과학기술의 발전을 선도하는 인재, 국제 기업가, 전문 특수 인재 등 '고급, 걸출, 첨단, 희소'의 기준에 부합되는 외국인 고급 인재

— 국내 인재 도입 계획에 입선된 자
— 국제 공인 전문 분야 성취 인정 기준에 부합되는 자
— 시장이 지향하는 권장 직종 수요에 부합되는 외국 인재
— 혁신형 창업 인재
— 우수 청년 인재
— 외국인 취업 점수가 85점 이상인 자

A급 인재로는 노벨상 수상자, 해외 각국의 국립 연구소 고급 연구원, 글로

벌 500대 기업 임원, 외국 정부에서 부장급 이상 관리, 세계 대회 수상 경력이 있는 예술가, 운동선수 등을 예로 들 수 있다.

B 외국인 전문 인재

외국인 재중 취업 지도 목록 및 직종 수요에 부합되며 중국 경제 · 사회의 발전에 시급히 필요한 외국인 전문 인재

- 학사 이상의 학위를 취득하였으며 해당 직종에 2년 이상 종사한 경력이 있는 외국인 전문 인재
- 중국 내 대학에서 석사 또는 그 이상의 학위를 취득한 우수 졸업생
- 세계 대학 순위 100위권 안의 해외 대학에서 석사 또는 그 이상의 학위를 취득한 졸업생
- 외국어 교사
- 우수 청년 인재
- 외국인 취업 점수가 60점 이상인 전문 인재

중국 회사에 취업한 대부분의 외국인 전문가들이 B급 인재에 해당한다.

C 외국인 일반 인력

국내 노동력 시장의 수요를 만족시킬 수 있고 국가의 정책 규정에 부합되며 임시적 · 계절적 · 비기술적 또는 서비스 직종에 종사하는 외국인 일반 인력

기준에 언급된 외국인 취업점수란 연봉, 중국 회사 근무 기간, 학력, 중국어 구사 능력, 나이, 졸업 대학, 이전 회사 수준 등을 각각 점수화한 후 합산한 최종 점수를 말한다. 예를 들어, 서울대 석사 학력의 서른 살 삼성전자 경력자라면 높은 점수를, 지방대 학사 학력의 쉰 살 중소기업 경력자라면 낮은 점수를 받게 되는 식이다. 간단히 말해서 세계 수준인 A급 인재에 대해서는 중국 취업에 필요한 각종 편의를 제공하여 취업을 장려하고 중국 산업 발전에 도움이 될 만한 B급 인재에 대해서는 필요에 따라 취업을 허가하며 전문성이 없는 부류인 C급 인재는 제한적으로 운영한다는 내용이다. 사람에 대해 등급을 매겨놓아 능력 있고 젊은 인재라면 환영하고 그렇지 않다면 오지 말라는 사실이 서글프지만, 현실을 부정할 수는 없다. 이런 정책은 중국뿐만 아니라 세계 어디에서나 마찬가지 아닐까 싶다. G2라고 불릴 만큼 강화된 중국의 위상과 향후 우려되는 경기전망을 고려한다면 중국의 외국인 취업기준은 점점 더 강화될 것으로 예상된다.

어쨌거나 취업증과 외국인 거류증을 받았다면 법적으로도 완전하게 중국 회사의 '직원'이 된다. 이런 복잡한 절차를 미리 준비해서 중국에 처음 도착했을 때 한번에 끝낼 수 있다면 얼마나 좋을까 싶지만 현실은 그렇지 못해서 인내심을 가지고 하나하나씩 풀어 가야 한다. 내 경우에는 채용 정보 입수에서부터 첫 출근까지 약 5개월이 걸렸다. 이전 회사 선배가 이미 중국 회사에 근무하면서 나를 추천한 경우인데도 시간이 꽤 걸린 셈이다. 또 첫 출근 이후부터 외국인 거류허가를 받기까지, 추가로 5개월이 소요됐다. 중국 회사의 완전한 직원이 될 때까지 총 10개월이 걸린 것이다. 이 기간에 나의 수습 기간이 끝났고, 이사도 했으며 가족도 중국으로 건너왔다. 또한 생존에 필요한 최소한의 중국어도 배웠으며, 어떤 면은 한국과 비슷하고 어떤 면은 완전히 다르기도 한 중국 문화도 나름 맛보았다. 정확한 통계자료가 있을지 모르겠으나 내 경험과 주변 이야기를 종합해보면 한국인이 중국 회사에 취업할 경우 아무리 빨라도 최소 6개월, 늦으면 최대 1년이란 시간이 필요하다. 물론, 한국계 회사의 주재원이나 특수한 상황에 놓인 중국 회사의 경우는 예외이다.

중국 생활 초기인 이때가 매우 중요한 시기인 것 같다. 기대에 가득 찬 마음으로 중국에 왔지만, 실제 와서 보고 느낀 것에 실망해서 한국으로 다시 돌아가고 싶은 마음이 생길 수도 있다. 외국인이 중국에서 체류하기 위해 처리해야 할 행정 처리는 왜 이렇게 많고 복잡하며 느리게 진행되는지…. 빨리 중국에 적응하고 싶은 당사자로서는 답답하고 불안하기 그지없다. 여러 면으로 낯설고 많은 일에 서툴러서 예전에는 쉽게 하던 일에 실수가 잦아지기도 한다. 친한 친구나 동료와 마음을 터놓고 고민을 나누기는 고사하고 서로 소통이 잘 안 되는 바람에 동료들과 예상치 못한 오해가 생기기도 한다. 사실 중국 생활 초기에 겪게 되는 이런 어려움 때문에 견디다 못해 한국으로 돌아가는 경우도 적지 않게 있다. 내가 주변에서 본 바로는 열에 한두 명은 그랬다. 중국에 오기 위해 쏟았던 노력과 시간을 생각한다면 안타까운 일이지만 중국 생활에서 오는 스트레스를 무조건 참고 버티는 것도 그리 현명한 선택은 아니다. 결국에는 본인이 잘 판단해야 한다.

짧게는 6개월, 길게는 1년의 초기 적응을 잘 넘겼다면 이후의 중국 생활은 이전보다 수월해진다. 중국어가 유창하지는 않더라도 회사 동료나 식당 점원이 내게 욕을 하는 건지 아니면 좋은 말을 하는 건지 대충 알아들을 수 있는 눈치가 생기고, 계속되는 시행착오를 극복한 덕분에 나름 요령도 터득했을 뿐만 아니라 중국의 '만만디'를 버텨낼 수 있는 인내심도 많이 생기기 때문이다. 이 정도 되면 어느 순간 한국에 있는 친구들에게 '내가 중국에서 살다 보니 말이야…' 하면서 그럴싸한 이야기를 하는 자신을 보게 된다.

TIP 1

계약 시 주의 사항

○ ○ ○

해외 취업을 희망하는 사람이 많아지면서 피해를 보는 경우도 종종 발생한다. 다음은 얼마 전에 보도된 통계 기사이다.

해외 일자리를 찾는 청년들이 해외 취업, 인턴 등 일자리를 알선하는 중개업체의 횡포로 피해를 보고 있다. 정부에서도 해외 취업박람회 등을 운영하며 해외 취업을 장려하고 있지만, 참가 업체들에 대한 검증 절차가 부실해 청년들이 피해를 당해도 마땅한 보상 절차가 부족한 것으로 나타났다. 22일 한국산업인력공단의 연도별 해외 취업자 통계에 따르면, 2013년 1,607명이던 해외 취업자는 2015년 2,903명, 2016년 4,811명으로 급증했고, 지난해에는 5,118명에 달했다.

　이훈 더불어민주당 의원실 자료에 따르면, 해외 취업에 성공한 청년 중 정해진 기간에 계속 근무하거나 계약을 연장한 청년은 48%에 불과한 것으로 나타났다. 또 정부의 글로벌 취업박람회를 통한 취직 이후에도 고용 안정성이 보장되지 않거나 부실한 일자리는 절반 이상인 것으로 조사됐다.

해외 취업 연계 등을 담당한 한국산업인력공단, 코트라 관계자는 "해외에서 업체의 사기나 피해 사실이 발생한다면 현지 한국 대사관에 우선 문의해야 하고, 현지의 노동법을 우선 고려해 조치해야 하는 한계가 있다"며 "문제가 있는 업체를 파악해 프로그램에서 퇴출하고 피해 신고센터를 통해 접수하고 있으나, 기본적으로 기업 관련 정보를 정확히 파악하고 신중히 결정해야 한다"고 설명했다. 한 해외 취업 중개업체 전문가는 "분위기에 휩쓸려 빠르게 결정을 내리기보다 직종과 업무환경도 충분히 고려해야 만족도가 높아질 수 있다"고 설명했다.

2018-11-22 문화일보
김기윤 기자 cesc30@munhwa.com

　이런 뉴스를 보면 취업이 확정되어 계약서를 작성하는 단계까지 가더라도 중국으로 취업을 가는 일이 여러 가지로 걱정된다. 계약서 자체가 적지 않은 분량일뿐더러 법률처럼 작성되어 있어서 영어나 중국어를 잘한다고 하더라도 쉽게 이해하기 힘들다. 해석의 여지도 많아서 이런 경우는 어떤지, 저런 경우는 어떤지 모호할 때도 많고, 궁극적으로는 이 계약 자체가 혹시 사기는 아닐까 하는 막연한 의심이 들기도 한다. 중국에 대한 이전의 선입견 탓일 수도 있고 중국을 잘 모르는 데서 오는 두려움 때문일 수도 있다. 그러나 이런 의심은 자연스러운 현상이니까 너무 이상하게 생각할 필요는 없다. 잘 이해가 안 가는 부분이 있거나 자세한 설명이 필요하면 일단 인사 담당자에게 문의하고, 해당 회사에서 근무하는 지인이 있다면 그 사람에게 물어보는 것도 좋다. 미심쩍은 부분이 있으면 분명히 확인해야 한다. 그렇지 않다면 최종 입사 과정은 물론 채용된 이후에도 마음 한구석에 찜찜함을 남겨두고 일할지도 모르니까. 특히 아래 몇 가지 사항은 꼼꼼히 확인해야 한다.

- **급여 지급 화폐**: 급여를 받을 때 어떤 화폐로 지급되는지 확인해야 한다. 중국 회사라면 대부분 중국 화폐인 위안화(RMB, RenMinBi)로 지급하는 것이 일반적이고 한국계 회사의 중국 지사라면 회사 정책에 따라 결정된다. 한국 원화(KRW)로 한국 통장에 지급되는 경우도 있고 중국 위안화(RMB)로 중국 계좌에 지급되는 경우도 있다. 외국계 다국적 기업의 경우도 회사 정책에 따라 다른데 중국 위안화(RMB)로 지급하거나, 미국 달러(USD) 또는 홍콩 달러(HKD)로 지급되는 회사도 있다고 들었다. 어떤 화폐로 급여가 지급되든지 한국에 있는 가족을 부양하기 위해 또 각종 연금, 보험, 적금 납입을 위해 일정액을 한국으로

송금해야 하는 점을 고려해야 한다. 회사 정책을 확인하고 본인이 원하는 조건을 수용할 수 있는지 협의하는 것이 좋겠다.

- **세금 공제 후 실제 수령 급여액**: 계약서에 명시된 급여액이 세금 공제 전인지 공제 후인지 명확하게 해야 하며 세전 금액으로 명시되어 있으면 세금 공제 후 금액이 얼마인지를 확실하게 정해야 한다. 중국 세법은 복잡하기로 유명하다. 세전 급여액만 믿고 있으면 나중에 받아 본 실제 수령액이 예상과 크게 다를 수 있다.

- **계약 해지**: 계약서를 검토하는 단계에서 계약 해지에 대해서 꼬치꼬치 따지는 것이 그리 좋은 모습은 아니지만, 계약 해지 관련 사항은 매우 중요한 내용이라 확실히 해두어야 한다. 외국인 채용 과정에서 발생하는 비용이 만만치 않기 때문에 채용된 직원을 일부러 해고하려는 중국 회사는 드물다. 하지만 누차 언급한 바와 같이 중국 경제와 그 안에 있는 개별 기업 환경이 모두 급변하고 있으므로 예상치 못하게 계약이 해지될 수도 있다. 수습 기간(보통 3개월, 길게는 6개월)을 통과하지 못하거나 회사 경영이 갑자기 어려워질 수 있고 심한 경우 프로젝트 자체가 무산되기도 한다. 지원자 개인 사정도 있어서 결심을 단단히 하고 중국으로 오더라도 낯선 환경에서 극복하지 못할 정도로 외로워하거나, 문화/언어 장벽을 극복하지 못할 수 있으며 심지어 입에 음식이 맞지 않는 문제로 포기하는 경우도 있다. 계약 해지의 원인이 회사 측에 있을 경우 가능한 좋은 조건 - 예를 들어 해지 요청은 최소

발생 몇 달 전에 할 것, 몇 달치 급여를 계약 해지 조건으로 보상할 것 등 - 이 반영되도록 협상해야 한다.

- **복리후생**: 급여 금액과 비교하면 적은 액수이지만 주택 임차비, 통신비, 교통비, 식비 등을 포함한 소소한 지원들을 모아 놓으면 결코 무시할 수 없다. 대개는 항목별 발생 비용 전체 금액보다는 회사에서 정해 놓은 일정액을 지원한다. 회사에 꼭 필요한 인력에게는 예외를 두기도 한다. 금액이 큰 주택 임차비나 자녀 학자금, 외국인 전용 의료보험을 제공해 주기도 하는데 다른 직원들이 민감하게 반응할 만한 문제라 비밀 준수를 전제로 한다.

- **계약서 원본 보관**: 회사 인감 및 직원 서명이 있는 계약서 원본을 갑, 을 양측이 각각 보관해야 한다. 직원 서명만 받은 빈 계약서를 갖고 있거나 관리 편의를 위해 행정 서무나 통역이 계약서를 보관하는 경우도 있는데 만에 하나 문제가 발생하면 당사자 자신만 피해를 본다. 그러니 계약서 원본은 반드시 본인이 보관하자.

노동계약 할 때 주의할 점을 보고 최악의 상황에 맞춰진 부정적인 내용이라고 하는 사람도 있겠고, 이렇게 하면 확실하냐고 되묻는 사람도 있을 것 같다. 계약서는 취업 기간 내내 효력이 있고 이후 이직 과정에도 영향을 끼치는 중요한 문서인 만큼 몇 번을 강조해도 지나치지 않다. 여러분의 현명한 판단을 기원한다.

중국 회사
적응하기

China

01

중국 회사 문화는 어떨까?

○ ○ ○

문화는 살아있는 생명체와 같아서 꾸준히 변화한다. 문화는 삶의 방식이기 때문에 어떤 문화가 옳거나 틀리거나 좋거나 나쁘다고 단정 지을 수는 없다. 또한, 문화는 다양성을 가지고 있어서 어떤 특정 국가, 단체, 지역에 대해 절대적인 기준을 두어 판단할 수도 없다. 하지만 다른 대상과 비교할 때 두드러지는 상대적인 특징은 발견할 수 있다. 예를 들자면 흔히 들을 수 있는 '도전적인 청년 문화'라든지 '보수적인 관료 문화'라는 말이 있다. 기업에 대해서도 마찬가지라서 '관리의 삼성(문화)', '가족 같은 LG(문화)'라는 표현은 그리 낯설지 않다. 내가 말하는 중국 회사 문화도 이러한 맥락을 따른다. 모든 중국 회사가 이렇다고 단정하기보다는 이런 면들이 있구나 하는 정도로 이해했으면 한다.

대학도 회사도 서열이 우선

우리나라의 1980년대 우스개 중 하나로 '땡전 뉴스'라는 것이 있었다. 오후 9시 정각을 알리는 '땡' 소리와 함께 뉴스가 시작되면 당시 대통령이던 '전'두환 씨 이야기가 항상 첫 번째 보도 내용이라서 붙여진 이름이다. 한국에서는 예전에 사라진 우스개이지만 중국은 여전히 뉴스의 첫머리가 항상 시진핑 주석에 관한 내용이다. 그 다음 뉴스는 2인자인 리커창 총리의 동정이 나오거나 다음 순위로 높은 정치인의 행보가 보도된다. 한국뿐만이 아니라 중국인도 마찬가지로 서열을 중요시하는 것 같다.

중국인 직원들과 각자의 대학 시절 이야기를 하다 보면 재미있는 현상을 발견할 수 있다. 자신이 졸업한 대학의 순위를 이야기하면서 서로 본인의 모교 순위가 더 높다고 우기기 때문이다. 그러나 최상위 학교에 관해서는 이야기하지 않는다. 서로 말하지 않아도 1위 베이징 대학, 2위 칭화 대학라는 사실은 불변이라 그렇다. 3위 대학이 푸단 대학이냐 또는 저장 대학이냐를 놓고 논란이 시작되고 그 아래로 갈수록 논란은 거세어진다. 자신의 모교가 탑 10위다, 아니다 하는 식으로 말이다.

직원을 뽑을 때도 마찬가지이다. 내 팀원을 뽑기 위해서 지원자 이력서를 검토한 적이 있다. 내가 검토한 결과에 내 위에 있는 중국인 임원이 펄쩍 놀라면서 베이징 대학을 졸업한 지원자를 왜 탈락시켰냐고 추궁했다. 나는 이전 회사에서 했던 업무와 근무 기간을 고려해서 지원자를 추려냈는데, 중국인 임원에게는 '베이징 대학'을 졸업한 것이 무엇보다 중요한 채용 기준이었던 것이다. 참고로 결과를 말하자면 그 '베이징 대학'을 졸업한 지원자는 합격 통보를 받았다. 하지만 오지 않았다. 더 좋은 조건을 제시한 다른 회사에 갔다고 한다.

중국 회사에 처음 와서 자기 소개하는 자리에서도 내가 근무한 이전 회사가 얼마나 큰지, 내가 졸업한 학교가 한국에서 몇 번째인지 물어보는 동료들이 있어서 꽤 난처했던 기억이 있다. 중국 회사 홍보자료에 꼭 들어가는 내용 중의 하나도 바로 회사의 순위다. 유명한 경제 잡지인 포춘(Fortune)이 선정한 세계 기업 순위에서 자사가 몇 위라든지, 중국 기업 중에서 상위 몇 위라든지, 하다못해 중국 지방정부 선정 몇 위 기업이라는 식으로 순위를 명시해야 직성이 풀리는 듯하다. 회사 안에서는 두말할 나위 없이 서열을 따진다. 자신이 임원인지 아닌지, 매니저인지 아닌지, 상대방이 자신과 동등한 서열인지 아닌지가 일 자체보다 더 중요한 문제라고 생각하는 것 같다. 다음에 나오는 내용 역시 이런 서열 중시 문화와 밀접한 관련이 있다.

권력을 가진 자 모범을 보여라

회사의 국적이나 규모를 막론하고 (리더, 長, Chief 등 어떤 이름을 쓰든 상관없이) 조직을 대표하는 부서장의 역할은 매우 중요하다. 작게는 몇 명이 모여 있는 소규모 팀의 팀장에서부터 크게는 회사의 대표이사까지, 부서장은 그 조직의 마지막 의사 결정권자이고 그의 결정에 따라 그 집단의 성패가 좌우된다. 이런 이유로 집단의 부서장에게는 조직을 좌지우지할 권한이 부여되는데 중국 회사에서 부서장의 권한은 한국 회사보다 더 막강한 편이다. 다국적 기업에서 흔히 볼 수 있는 크로스펑셔널 조직(Cross functional Team)[1]보다는 상명하복 하는 수직 조직이 중국 회사의 일반적인 형태이다. 사회주의 특성일 수도 있고 대대로 내려온 중국 왕조의 유산일 수도 있겠다.

중국 회사에서 부서장은 채용, 업무평가, 예산 수립 및 집행에 대한 절대적 권한을 가지고 있다. 그렇기에 부서원들은 자신이 속한 라인이 어디냐를 매우 중요시하며 그 라인을 장악하고 있는 '리더'의 결정을 절대시한다. 설혹, 부서장의 결정에 다른 의견이 있다 해도 문제를 제기하는 일은 극히 드물기도 하려니와, 있다 해도 부서장을 견제할 수 있는 마땅한 방법이 없다. 그 부서장의 부서장을 통하는 방법이 유일하다고 본다.

나는 중국 최대의 민영 자동차 회사인 지리자동차에서 근무하고 있는데 이 회사도 마찬가지이다. 사실 지리자동차에는 한국인 직원뿐만이 아니라 약 400여 명이나 되는 적지 않은 수의 외국인 직원이 근무하고 있다. 이들 외국인 직원들이 가장 크게 느끼는 부분 중 하나가 바로 수직적 조직 문화이다. 물론 동, 서양을 막론하고 어떤 회사나 최종 의사 결정은 그 조직의 대표가 한다. 차이점은 최종 결정 전, 후로 조직 내에 충분한 소통이 이루어지며 구성원들의 이해를 구하는지로 나뉜다.

중국 회사의 경우는 부서장의 일방적인 톱다운(Top-down)방식이 많다. 톱다운 방식은 빠른 의사 결정, 전체 조직의 일사불란한 실행, 자원의 집중적

---

1 인사/예산을 가진 수직 조직과 협업 기능을 가진 수평조직의 복합 형태

활용, 빠른 결과 도출 등 여러 장점이 있다. 하지만 톱다운 방식으로만 회사가 운영된다면 부작용도 적지 않다. 새로운 일이 생기거나, 예상치 못한 상황이 발생했을 때 직원 대부분은 위에서 결정이 있을 때까지 사건에 관여하지 않으려고 한다. 자기 일도 아닌데 괜히 나섰다가 일이 잘못되었을 때 본인에게 돌아올 수 있는 책임과 비난을 원치 않기 때문이다. 그래서 직원들의 주도적인 업무 처리나 자발적인 의견 제시는 기대하기 힘들다. 이런 분위기는 직원들뿐만 아니라 리더에게도 좋지 않다. 직원들에게 자신의 권위를 보이기 위해 때로는 왜곡된 리더십을 보이기 때문이다.

중국에서 '링따오(领导)'는 리더를 뜻하는 말이다. 한번은 어떤 임원이 고압적인 자세로 자기 앞에서는 본인 외에 다른 사람을 '링따오'라고 부르지 말라며 직원들을 다그친 적이 있다. 너희들한테는 자신만이 리더라는 것이다. 또 다른 어떤 임원은 사무실 내에서 버젓이 담배를 피우면서 그 사무실 안에서는 본인 서열이 가장 높으므로 실내 금연 규칙을 지키지 않아도 괜찮다는 식으로 행동했다. 비록 예외적인 경우라고는 하지만 이러한 비정상적인 리더십은 매우 실망스러운 모습이었다. 강력한 리더십은 리더 스스로가 솔선수범하는 모습을 보이고 구성원과 원활히 소통할 때 진정한 효과가 있다. 어느 나라, 어느 회사가 되었건 일부 몰지각한 리더로 인한 폐해가 있긴 하지만 리더에게 권한이 집중되어 있고, 부서원들이 수동적으로 머물러 있는 환경이라면 그 폐해는 더 커질 수밖에 없어 보인다.

보이지 않는 성벽과 치열한 내부 경쟁

앞서 설명한 바와 같이 각 부서장에게 조직별 인력/예산을 독립적으로 관리하게 함으로써 생기는 결과 중 하나로 치열한 내부 경쟁을 꼽을 수 있다. 내가 일하는 자동차 회사의 예를 들어 보겠다. 자동차 회사는 시장의 요구에 대응하기 위하여 경차, 소형차, 준중형차, 중형차, 대형차, 세단, SUV 등 여러 차종을 개발한다. 각각의 차종은 프로젝트 조직에서 인력, 예산을 할당 받아 개발되며 개발이 끝나면 프로젝트 조직은 공장에 관리 주체를 이관한다. 공장 입장에서는 해결되지 않은 문제점이 있을 경우 고스란히 공장 책임이 되기 때문에 이관 전까지 철저한 문제 해결을 요구한다. 마찬가지로 공장에서 생산된 차량이 영업 부문으로 넘어갈 때 사소한 문제점이라도 발견되면 영업 부문에서는 인수를 받지 않고 공장에서 해당 문제를 해결하도록 한다.

이 같은 모습이 자동차 산업에서는 일반적인 편이지만 중국 자동차 회사에서는 각 부문의 독립성이 더욱 뚜렷하다. 프로젝트 매니저는 타 프로젝트보다 더 좋은 성과를 얻기 위해서 최고 실력자들 유치에 최선을 다하며, 엔지니어는 옆에 있는 동료 엔지니어보다 더 좋은 제품을 설계코자 밤을 새우고, A공장은 B공장보다 더 좋은 생산성을 갖추고자 온갖 노력을 한다.

치열한 내부 경쟁 분위기에서 직원들의 초과 근무, 휴일 근무 등은 자연스럽게 받아들여진다. 이런 분위기는 1990년대 내가 한국 자동차 회사에서 느꼈던 것과 비슷한데 미국 출신의 한 동료는 중국 회사의 이런 관리를 Meat grinding(소시지를 만들기 위해 고기를 가는) 방식이라 설명했다. 이에 대한 중국 직원들의 의견은 엇갈린다. 그들의 설명에 따르면 이런 치열함이 일반적이지는 않다고 한다. 중국 자동차 회사를 소유형태별로 크게 세 가지로 나눈다면 정부가 소유한 국영기업, 다국적 대기업과 공동 투자한 해외 합작기업, 민간이 소유한 민영기업으로 구분된다. 국영기업은 관료적인 문화가 있어서 딱 정해진 만큼만 일을 하고, 해외 합작기업에서는 초과 근무 시 본사의 규정에 따라 추가 임금을 지불해야 하기 때문에 초과 근무나 휴일 근무가 많지 않다. 이에 반해 내가 있는 지리자동차 같은 민간 기업에서는 경쟁이 더 심하다고 한다. 점점 더 많은 중국 기업들이 세계적인 규모로 성장하며 경쟁도 더 치열해지고 있어서 이같은 흐름은 계속될 것으로 예상된다

치열한 내부 경쟁은 조직 전체의 긴장감을 높이고 더 효율적으로 일하게 만드는 효과를 가져오기 때문에 단기간에 조직의 성과를 높이기에 좋은 방법이다. 하지만 내부 경쟁이 지나칠 경우 부작용도 만만치 않다. 대표적인 부작용으로 취약한 부서 간 공동협력 팀(Cross functional team) 활동을 꼽을 수 있다. 자동차 회사뿐만 아니라 어느 회사라도 마찬가지겠지만 회사에는 특정 부문이 단독으로 해결할 수 없는 전사적 문제가 있다. 회사 문화나 품질 문제가 그 대표적인 경우다.

중국 회사에서 내가 담당 했던 업무는 자동차 시장 품질 관리이다. 담당 업무를 수행하기 위해서는 자동차 판매 대수, 매출액, 보증 비용, 건당 수리 비용 등 각종 통계 자료가 필요했다. 하지만 필요한 자료를 얻기까지 지루한 행정 절차를 반복해야만 했다. 해당 부서의 담당자들이 내가 필요로 하는 자

료를 가지고 있었음에도 불구하고 그 자료를 제공해도 된다는 관리자의 승인이 필요했기 때문이다. 문의를 거듭할수록 더 높은 사람의 승인이 필요했는데 결국에는 CEO의 말 한마디로 문제가 해결되었다. 웬만한 규모의 회사라면 이런 자료들은 사원급에서도 다룰 수 있는 내용인데 이런 소란을 피웠다는게 쉽게 이해되지 않았다.

중국 회사의 치열한 내부 경쟁 환경에서는 전체의 문제보다는 자신이 속한 직계 라인 부서의 안위가 중요해 부문 간 협력이 쉽지 않다. 전문가로 채용된 한국 직원 입장에서는 쉽게 나설 수 없는 상황이 당혹스럽다. 관련 부서 간 협조 없이는 일이 되지 않는다는 것이 뻔히 보이는데도 불구하고 괜히 잘못 나섰다가는 부서장으로부터 과도한 비난과 불이익을 받을 수 있기 때문이다. 상황이 이렇다 보니 중간 관리자나 실무자들이 역량을 펼칠 기회는 점점 줄어들고, 실무자 선에서 해결될 수 있는 작은 문제조차 윗선으로 계속 올라가게 된다. 이렇게 올라간 문제는 결국엔 고위 임원들 사이에서 정치적으로 다루어지는 경우가 적지 않다. 그러다 보니 사장 부속실이나 품질본부같이 전사 업무를 다루는 부서는 벌칙 위주로 회사를 관리하고 그 결과 그 외의 부서는 각자의 내부를 더욱 단속하는 악순환이 반복되는 형국이다.

중국 회사 팀장님은 모두 동안?

중국 회사의 특징 중 하나로 구성원 연령대가 비교적 젊다는 점을 꼽을 수 있다. 사회로 진출하는 시점이 한국보다는 빠른 것도 이유 중 하나다. 한국에서처럼 원하는 대학을 진학하기 위해 재수, 삼수를 한다거나 군대를 다녀오느라 2, 3년 휴학하는 경우도 없다. 요즘 들어 점점 줄어드는 추세라고는 하지만 한국 회사에서는 대학 졸업 연도, 입사 연수, 현 직급 체류 연수 등 유독 나이와 관련한 것을 많이 따진다. 하지만 중국은 사회생활의 시작만 빠른 것이 아니라 진급도 빠른 편이라 30대 초반의 팀장이나 30대 후반의 디렉터(Director)들을 어렵지 않게 볼 수 있다. 이들은 실무에서 능력이 검증되었고 치열한 내부 경쟁을 통해 조직 운영이나 팀원 관리에 대한 노하우도 갖추었기 때문에 주어진 임원, 팀장 역할을 하는데 별다른 무리가 없다. 이들 젊은 중간 관리자는 해외에서 공부한 유학생 출신도 꽤 있지만 유학생 출신이 아니더라도 대부분 영어를 유창하게 구사한다. 성공에 대한 욕구가 대단하며 일에 대한 욕심도 남달라서 밤낮과 휴일을 가리지 않고 일에 몰두한다. 이런 열정적인 중간 관리자들의 모습을 보고 있자면 이런 노력들이 중국 경제를 역동적으로 만드는 힘이 아닐까 하는 생각이 든다.

어쨌거나 중국 회사에서는 나이 어린 상사를 모시고 일한다거나 반대로, 나이 많은 부하 직원에게 업무를 지시하는 일이 그리 특별한 모습이 아니다. 만약 젊은 임원이나 팀장의 경험이 부족할 경우 업계 경력이 풍부한 현지인 또는 외국인 전문가를 초빙하여 보좌하게 함으로써 조직을 운영한다.

중국 회사는 구성원들의 연령대가 아직까지는 젊다. 하지만 한국과 마찬가지로, 중국에서도 인구 고령화 문제가 계속 부각되고 있는 상황이다. 중국 회사 조직이 언제까지 젊음을 유지할 수 있을지는 의문이다.

낭성경영: 늑대처럼 경영하라

중국에서는 한 해를 마무리하며 올해의 한자(汉语盘点)를 발표한다. 중국 네티즌들의 투표로 한 해를 대표할 수 있는 단어를 선정하는데 2018년 올해의 한자로 '펀(奋)'이 선정되었다. '펀(奋)'은 있는 힘을 다해 싸우거나 노력한다는 뜻을 가진 '분투(奮鬪)'의 '분(奮)'을 간체자로 표시한 것이다. 이를 기업에 적용하면 '예민한 감각으로 시대의 트렌드를 읽고, 끈기와 추진력을 바탕으로 목표를 이루기 위해 끝없이 노력하는 기업가 정신', '현실에 안주하지 않고 불가능할 것 같은 장애물을 만나도 기꺼이 싸워 이겨내며, 더 높은 성취에 목말라 있는 기업가 정신'으로 표현할 수 있다.

중국에서 기업 문화를 이야기할 때 대표적으로 꼽는 것이 '낭성경영(狼性经营)', 즉 '늑대경영(Wolf Management)'이다. 최근 미-중 무역 갈등이 고조되면서 중국의 통신장비 업체인 화웨이에 대한 뉴스를 자주 듣게 되는데, 이 화웨이가 대표적인 늑대경영 기업이다. 화웨이의 창업자인 런정페이(任正非)가 표방한 이 '늑대경영'은 화웨이가 세계적 기업으로 성장하던 2000년대 이후 중국 전역으로 퍼졌다. 이들의 설명에 따르면, 늑대는 경쟁, 협력, 복종심, 충성심을 모두 가지고 있다. 때문에 각 개체 별로는 생존을 위해 경쟁하지만 무리를 위해야 할 때는 우두머리에게 복종하며 정해진 규칙과 역할을 충실히 수행한다. 앞서 말한 중국 기업의 특징이 모두 이런 늑대경영과 관련이 있다. 세계적인 무한 경쟁 속에서 기업이 살아남기 위해서는 수직적 위계질서를 기반으로 조직원이 똘똘 뭉쳐서 빠르고, 치밀하고, 두려움이 없이 싸워야 한다는 의미이다. 이러한 중국 회사를 보고 있자면 마치 기강 있고 용

맹한 군대를 보는 듯 해 정해진 목표를 달성하는데 매우 효과적이다. 그들이 보기에 사소하다고 생각하는 부분은 목표 달성을 위해서라면 크게 개의치 않는다. 경쟁사의 성공방식을 그대로 베낀다든지, 이전의 계획을 뒤집고 새로운 방향을 제시한다든지, 대의를 위하다가 발생하는 부작용은 어쩔 수 없다든지 하는 식이다.

화웨이의 연구소에는 이런 글귀가 적혀 있다고 한다. '희생은 군인의 가장 큰 이상이다. 승리는 군인의 위대한 공이다.' 이들은 큰 것을 위해서 작은 것을 희생하는 것을 숭고하게 여긴다. 물론 무엇이 크고 무엇이 작은지 판단하는 일은 우두머리의 책임이자 권리이다. 이런 방식으로 지난 수십 년간 지속적인 경제 성장을 경험했기 때문에 중국 기업들은 원하기만 하면 모든 것을 이룰 수 있다는 자신감이 넘쳐 보인다. 한국이 고도성장을 이룬 근대화 시대의 '하면 된다' 정신과 일맥상통한다고 할 수 있겠는데 중국 경제에 대해 객관적인 시각을 가지고 있는 외국인 입장에서는 중국인의 이런 자신감이 종종 당혹스럽게 느껴진다. 이미 고도성장을 경험한 다른 나라의 사례에서 볼 수 있듯이 거품은 언젠가는 터지기 마련이며 그럴 경우 우리 같은 서민들이 가장 큰 희생을 치른다는 것을 알고 있기 때문이다. 중국 직원들도 한국이나 일본의 사례를 알고 있어서 일부는 중국 경제의 미래에 대해서 우려한다. 그래도 아직까지는 중국은 다를 것이라 말하는 중국 직원들이 훨씬 많다.

중국 회사 임직원들의 능력이 부족하다거나 의지가 부족하다는 이야기가 아니다. 오히려 그들이 이룩한 외형적인 성장은 전례를 찾아보기 힘들 정도로 매우 성공적이며 그 과정에서 보여준 능력과 의지는 탁월했다. 다만 사회가 점점 발전할수록 그 구성원들의 생각이나 욕구도 복잡해지고 다양해지기 마련이다. 중국 기업들을 성공의 길로 이끌었던 '늑대경영'이 앞으로도 계속 지속될 수 있을지는 솔직히 의문이다.

중국 속담에 '劳逸结合(láoyìjiéhé)'라는 말이 있다. 한국에서는 '워라벨(Work and Life Balance)'로 해석될 수 있는 말이다. 부유해진 중국 사회를 반영하듯 최근 중국의 젊은 세대들은 '劳逸结合'을 중요시한다. 이런 젊은이들이 늘어나는 상황 속에서 개인의 헌신과 희생을 강요하는 방식이 언제까지 통할지, 언제까지 리더의 개인기로 문제를 돌파할 수 있을지 궁금해진다.

중국 생활 초기에는 객관적인 의견을 제시한답시고 회사의 지나친 낙관론에 이의를 제기했었다. 결론적으로는 그리 현명한 행동이 아니었다. 중국인들이 보기에는 괜히 딴지를 거는 한국인으로 비추어졌을 테다. 이 점을 깨달은 이후로는 특별히 요청 받지 않는 이상 부정적인 의견을 내지 않는다. 중국에서 일하는 외국인 노동자의 애로 사항 중 하나다.

유동적인 업무 프로세스

나라에 국가 운영을 위한 여러 가지 법과 규정이 있듯이 회사에서도 업무의 내용과 절차를 정해 놓은 프로세스가 있다. 내가 일하는 자동차 산업을 예로 들면, 각 회사별로 신차 개발을 정의한 표준 프로세스가 있는데 쓰는 용어가 다르긴 하지만 약간의 차이가 있을 뿐 기본적인 개념은 거의 비슷하다. 어느 자동차 회사든 프로그램이 진행됨에 따라 상품 전략, 경쟁사 대비 특장점, 차량 성능 및 제원, 부품 요구사항, 설계 도면 등이 계속 구체화 되고 확정되는 한편, 생산 설비, 금형, 작업 방법, 작업자 교육 등 양산 및 판매 준비가 이루어진다. 아울러, 프로그램 각 단계의 진행 과정 적합성과 완성도를 판단하기 위해 중간중간 마일스톤, 게이트웨이 같은 일종의 평가회가 있다. 내가 근무하는 중국 자동차 회사에서도 이러한 표준 프로세스가 잘 갖추어져 있다. 그룹 내 자회사도 많을뿐더러 중국뿐만이 아니라 전 세계에 걸쳐 사업장이 퍼져있어 업무 표준화에 상당히 많은 공을 들인다. 하지만 실제 운영에 있어서는 좋은 점수를 주기가 어렵다. 정해진 프로세스와 실제 운영이 따로 노는 경우가 많기 때문이다. 중국 회사에서 보이는 업무 처리는 좋게 보면 매우 유연하고 나쁘게 보면 그때그때 다르다고 이야기할 수 있다.

중국 자동차 회사의 예를 다시 들겠다. 개발 일정 중에 FDJ(Final Data Judgement)라는 단계가 있는데 이는 제품 설계 도면이 확정된 이후 실제 제품을 생산할 각종 설비 및 금형을 만들기 시작하는 단계를 말한다. 이 단계는 말 그대로 설계 데이터가 확정되는 시점으로 제품을 설계하는 연구소 부서뿐만 아니라 상품기획, 품질, 구매, 생산 등 프로그램에 참여하는 모든 부서들이 모여 각 부서의 준비상황과 통과 여부에 대한 의견을 제시한다. 이 시점 이후에 발생하는 설계 변경은 프로그램 전체의 품질, 비용, 납기에 영향을 줄 뿐만 아니라 다른 부문의 업무에도 큰 영향을 끼치기 때문이다. 물론 예외는 있어서 꼭 필요한 품질 개선을 위한 변경은 있을 수 있지만 변경 범위나 건수는 보통 제한적으로 이루어진다.

내가 근무했던 중국 회사는 스웨덴에 있는 자회사와 함께 차량을 개발했는데 개발과정에서 여러가지 논란이 있었다. 그 중에서도 FDJ 이후에 지속적으로 제기되는 설계 변경이 가장 대표적인 문제였다. 계획 단계에서 많은 검토를 하고 정해진 프로세스를 원칙대로 따르고자 하는 스웨덴 측과 이견이 있으면 언제든지 문제 제기를 하는 중국 측 입장이 계속 충돌한 것이다. 중국 엔지니어들이 제기한 설계 변경 중 일부는 제품 콘셉트와도 관련이 있어서 만약 변경하려면 프로그램 전체를 재검토해야 하는 수준이었다. 중국 측 입장에서는 프로세스에 경직된 스웨덴 측이 답답하게 느껴졌을 법 하고 스웨덴 측 입장에서는 기존에 합의한 내용을 뒤집는 중국 측의 문제 제기가 황당해 보였을 것이다. 중국 측의 주장 중 일부는 주관적인 의견(예를 들어 자신이 보기에 경쟁사의 이런 디자인이 좋으니 이렇게 바꾸어야 한다, 좌석 공간이 좁으니 레이아웃을 바꾸어야 한다는 식)과 지나친 특권의식이 합쳐지면서 문제를 더 크게 만들기도 했다.

중국 회사에 근무하는 외국인 직원들의 입을 빌려 몇 가지 예를 더 들어보겠다. 타국에서 근무하는 외국인 입장에서는 거류 허가, 자녀 학교 정하기, 집 구하기, 의료 등 현지 체류를 위해 신경 써야 하는 부분이 한둘이 아니다. 업무에 있어서도 개발 일정, 관련 프로세스, IT 시스템, 관련 부서 업무 협조 등 크고 작은 여러 변수들을 고려하여 미리 계획을 짜야 한다. 그런데 중국 회사에서는 기존 개발단계에서 통과된 내용을 나중에 가서 문제 삼거나 자신들의 이전 결정 사항을 뒤집는 상식 밖의 일이 일어나는가 하면 갑자기 부서가 바뀌거나 근무지가 변경되기까지 한다. 중국 회사에서는 돌발적인 변수들이 언제 어떻게 나올지 모르기 때문에 중, 장기 계획을 하기가 어렵다. 회사 업무 계획과 개인 일정은 상호 연관되어 있고 외국인 직원들은 현지 체류 등의 문제로 특히 더 그렇다. 자녀 교육을 위해 학교 근처에 집을 구했는데 회사 근무지가 갑자기 변경되어 이사해야 할 상황이 된다든지, 휴가를 고려하여 한국 방문 계획을 세웠는데 근무 일정이 바뀌어 방문이 취소될지도 모르는 상황이 발생하게 되면 엄청난 스트레스와 함께 내가 중국에서 일하고 있다는 점을 다시 한번 상기하게 된다. 회사의 중요한 결정도 한국에서라면 당연히 거쳐야 할 타당성 분석이나 다양한 시뮬레이션으로 판단하기보다는 리더의 직관이나 신념에 의해 정해지는 경우가 많아 보인다.

물론, 급변하는 경영 환경에서 살아남기 위해서는 유연한 생각을 가지고 변화를 수용하며 때로는 원칙을 굽힐 줄도 알아야 한다. 일단 화재가 발생했다면 비상벨을 울리고 급한 불부터 끄는 것이 우선이듯 회사에 긴급한 사태가 발생했다면 원칙만 고수할 것이 아니라 그때그때 상황에 맞는 최적의 방법을 택해야 한다. 하지만, 일상 업무에서조차 정해진 프로세스가 지켜지지 않고, 오늘의 행동이 어제의 계획과 다르다면 회사의 지속 가능성을 기대하기는 어렵다. 일반적으로 회사의 경영을 책임지는 CEO나 고위 임원들은 불확실성을 싫어한다. 누구보다도 회사의 지속 가능성에 대한 책임이 클뿐더러 불확실성에 숨어 있는 어떤 미지의 요소가 언제 어떻게 회사의 경영을 어렵게 만들지 모르기 때문이다. 하지만 중국 경영진은 오히려 불확실성을 키우는 듯한 모습을 보일 때가 있다. 마치 흙탕물을 휘저어 그 속에 있는 불순

물들을 확인하려는 듯 종종 조직을 흔들고 혼란 속에 빠뜨린다.

회사 비용처리는 너무 힘들어

성장통이란 것이 있다. 몸이 자라면서 느끼는 통증인데 뼈가 빠른 속도로 자라나는 것에 비해 근육이나 혈관이 자라나는 속도가 이를 따라가지 못하면서 발생하는 일시적인 통증을 말한다. 정신적인 성장통도 있다. 자라면서 자신의 꿈과 현실 사이의 차이를 차츰 느끼게 되면서 방황하는 것인데 이 시기를 어떻게 넘기느냐에 따라 보다 성숙한 삶을 살게 되거나 더 어려운 상황에 처하게 되기도 한다. 성장통은 몸과 마음이 커지는데 따른 불가피한 고통이라 할 수 있다.

성장통은 개인에게만 발생하는 것이 아니라 단체에서도 발생한다. 앞서 중국회사의 프로세스 관리 문제와 너무 많은 돌발 변수에 대해서 언급하였다. 드문 경우지만, 이런 문제들에 대해서 마음을 터 놓을 수 있는 중국 직원들과 이야기를 할 때가 있다. 외국인 직원들은 업계 경험이 풍부한 베테랑들이고 중국인 직원 중에서도 해외 유학 경험이나 해외 업체 경험이 많은 사람이 꽤 있기 때문에 비교적 객관적인 시각에서 중국 회사를 평가할 수 있다. 이런 대화를 나누며 공통적으로 지적한 부분은 중국 회사가 급격히 성장하며 불가피한 성장통이 발생한다는 것이었다. 생산 능력, 판매 수량, 매출액, 근무 직원수 등 겉으로 보이는 부분에서는 빠르게 성장했지만 그 성장에 걸맞은 기업문화, 직원의식, 인사관리, 행정 지원 등 보이지 않는 회사의 역량은 외형적인 성장을 아직 따라가지 못한다는 뜻이다.

인사관리 부서를 예로 들어보겠다. 선진 회사의 경우 인사부서의 역할은 상당히 포괄적이다. 단순히, 채용, 고과, 승진, 퇴사 관리에만 그치는 것이 아니라 조직원이 최대한의 성과를 낼 수 있는 업무 환경, 프로세스 구축도 신경 쓰고 있다. 직원 개개인이 업무에 집중하지 못한다면 충분한 성과를 내기 어렵고 이는 조직 전체로서도 손해이기 때문이다. 따라서 제대로 된 인사부서라면 부서의 근본 목적, 즉, 전사 인력자원의 효율적 활용측면에서 업무를 처리한다. 지금 당장은 현실적인 제약으로 실현되지 못하는 것들이 있겠지만 말 그대로 HR (Human Resource) 관리를 지향하는 것이다. 하지만 중국 회사에서 경험했던 인사부서의 관리 모습은 이와는 상당히 달랐다. 대부분 좁은 의미에서의 인사 업무만 처리했고 그나마도 직원들과 소통하기 보다는 관리자 위주로 일이 진행됐다.

중국 회사의 출장비 관리를 보면 쉽게 이해할 수 있다. 한국에서라면 출장 비용을 회사 법인카드로 처리하는 것이 일반적이지만 중국에서는 일단 자비로 처리한다. 호텔은 2인 1실 사용이 기본이며 팀장 이상에 대해서만 1인 1실을 지원했다. 호텔 등급도 매우 제한적이어서 회사의 기준대로라면 모텔급 수준만 가능했으며 시내교통비는 버스 기준으로 책정되어 있었다. 필자가 처음 직장생활을 하던 1990년대 중반의 한국 회사와 비슷한 수준이다. 그러다 보니 웃지 못할 상황이 발생하기도 한다. 자동차 품질업무는 국내외 출장이 잦아 해외 출장 또는 장기 국내 출장의 경우 호텔, 항공 등 출장 비용이 적지 않게 발생한다. 그런데 법인카드가 없기 때문에 일단 모두 자비로 처리한 후 나중에 회사에 청구해야 하니 직원 개인에게 부담이 된다. 바쁜 회사 업무로 인해 비용 신청이 늦어지다 보면 몇 주씩, 몇 달씩 쌓여 나중에는 월급보다 많은 비용이 발생하기도 한다. 또한, 회사의 비용 처리를 위해서는 출장기간 중 발생한 영수증 원본을 A4 용지에 풀로 붙여서 제출해야 하는데 수십여장의 영수증이 붙어있는 모습을 보면 참 비효율적으로 보인다. 출장자 개인도 그렇고 그걸 받아서 처리하는 경리부서는 또 어떻겠는가? 또한 영수증을 분실·훼손하거나 회계처리 기간이 지나버리면 처리되지 않는 경우도 있다. 이외에도, 택시를 타면 시간을 절약할 수 있음에도 회사의 기준을 맞추기 위하여 시간이 몇 배나 더 걸리는 버스를 탄다거나 글로벌 업체 직원들은 고급호텔에 묵더라도 중국회사 직원은 주변 저가 호텔을 찾아 다니는 등의 일이 흔했다. 이러한 번거로움을 반복하다 보니 출장을 회피하게 되고 출장을 가더라도 업무보다는 영수증을 더 챙기게 되기도 한다.

이번에는 연간 근무 계획을 예로 들어보자. 대부분의 글로벌 업체는 년간 근무 계획을 전년도 말이나 늦어도 연초에 확정한다. 특히 자동차 사업은 연계되어 있는 내부·외부 부문이 워낙 많아서 전사의 연간 일정을 미리 계획하고, 각 부서 및 개인들은 기 공지된 내용에 맞도록 각자의 일정을 준비한다. 하지만 중국 회사에서의 휴가 일정은 기간이 임박해서야 공지가 되었다. 항공편 예약이 필요한 외국인 직원이나 고향이 먼 중국 직원들은 회사 휴가를 짐작해서 미리 비행기표를 구매하거나 아니면 회사 공지 이후에 비싼 가격으로 표를 구입한다. 전자의 경우 회사의 휴가 계획이 예측과 다르면 해당 직원의 업무 공백이 발생하고 후자의 경우에는 직원 개인 비용이 증가한다. 결국 어느 쪽이든 회사, 직원 만족하지 못한다. 회사의 관리 수준이 좀 더 높고 효율적이라면 이러한 불필요한 손실은 충분히 막을 수 있지 않을까?

국제적으로 성장한 중국 회사 중에는 경쟁 해외 업체를 인수하고 외국인 직원을 대거 채용하면서 조직에 새로운 변화를 불어 넣고 있다. 그러나 이 외국 자원의 활용은 대부분 연구개발, 생산기술 분야에 집중되어 있을 뿐 인사, 재무, 행정 등 회사의 관리 부문은 여전히 과거의 방식에서 크게 벗어나지 않고 있다. 중국 회사도 이런 문제를 인식하고 있어서 글로벌 업체에 걸맞은 직원 의식 변화나 다문화 정착을 위한 캠페인을 펼치는 등 개선을 위한 노력을 하고는 있지만 아직 가야 할 길이 멀어 보인다. 캠페인을 위해 외국인 전담 인원을 채용해도 얼마 되지 않아 모두 떠나는 등 원칙 따로 실천 따로인 상황이 여전히 발생하는 걸 보면 사람 사는 세상의 문화를 바꾸는 것이 얼마나 어려운지 느끼게 된다.

사실 이러한 현상이 중국 회사에만 한정된 것은 아니다. 중국의 대도시 어디를 가더라도 높은 빌딩과 현대식 쇼핑센터, 편리한 대중교통 등이 잘 갖추어져 있으며 세계 어느 도시와 비교해도 손색없다. 하지만, 이용하는 사람들의 전반적인 수준은 아직 이에 미치지 못하는 것을 종종 목격하곤 한다. 중국이나 중국인을 비하하는 것은 아니다. 다만 중국이 하드웨어는 잘 갖춘데 비해 이를 운영하는 소프트웨어는 부족함이 있다는 데에는 동의한다. 빠르게 변화하는 과학과 기술로 인한 물질 세계의 변화 속도를 문화, 제도, 습관 같은 비물질 세계의 변화속도가 따라가지 못하는 문화 지체 현상은 비단 중국에서 만이 아니라 어느 사회, 어느 시대에나 발견될 수 있는 일반적인 현상이다. 분명한 사실은 성장통은 일시적이라는 점이다. 우리가 어렸을 때 경험했던 성장통이 어느 사이엔가 사라져버렸고 이후 불쑥 커버린 자신을 발견했듯이 말이다. 앞서 예로 든 불합리한 상황들은 필자가 처음 중국회사에 왔을 때의 상황이었고 그 후 점차적으로 개선되었다. 아직까지도 회사 법인카드 없이 영수증을 풀로 붙여 비용을 처리하고는 있지만 시내교통은 택시 이용으로, 호텔요금도 1인 1실 기준으로 개선되었으며 앞으로 더욱 좋아질 것이라 확신한다.

사람이 너무 많이 바뀌는 중국 회사, 괜찮을까?

한국을 대표하는 사회현상 중 하나로 '빨리빨리'를 꼽을 수 있다. 음식을 주문하고 나서 기다리는 단 몇 분도 초조해하는가 하면 기분 좋은 술자리에서도 빨리 마시고 빨리 취해버린다. 중국에서는 이와는 반대인 '만만디(慢慢地)'를 대표적인 현상의 하나로 꼽을 수 있다. '만만디'는 내가 중국을 잘 몰랐을 때에도 이미 들어본 적이 있을 정도로 잘 알려진 현상인데, 행동이 굼뜨거나 일의 진척이 느림을 뜻한다. 관공서의 느린 행정 절차나 관련 부서의 비협조적인 행태를 비하하고 싶을 때 쓰이는 말이지만 실수를 막기 위해 신중하게 생각하고 여유 있게 실천하는 모습도 의미하는 이중적인 말이다.

중국에 온 이후 놀라웠던 것 중의 하나가 직원들의 잦은 이직이었다. 같은 회사의 다른 부서로 옮기는 것까지 포함한다면 그 빈도는 더 높아진다. 중국 특유의 '만만디'는 어디로 사라졌는지 한국의 '빨리빨리'는 저리 가라 할 정도로 '콰이콰이(快快)'해서 채용된 지 며칠 만에도 회사가 마음에 안 든다며 나가버리거나 다른 회사에서 약간만 더 좋은 조건을 제시한다면 주저 없이 회사를 옮기는 직원을 적지 않게 볼 수 있었다. 중국에는 일주일 가까이 쉬는 두 개의 대표적인 휴가기간이 있는데 하나는 춘절(春节, 한국의 설)이고 다른 하나는 중추절(中秋节, 한국의 추석)이다. 이 기간은 고향을 방문하여 그동안 떨어져 있었던 가족들을 만나는 시기이기도 하지만 회사를 옮기기에도 좋은 시기이다. 명절을 보낸 후 자리에 없는 직원 열에 아홉은 이직했다고 봐도 무방하다. 회사에서는 이탈 방지를 위해 춘절이나 중추절 이후에 복귀한 직원들에 한해서 보너스를 주는 등의 유인책을 쓰지만 큰 효과를 얻지는 못하는 것 같다.

내가 중국 회사에서 근무한 첫 해에 같은 부서에서 근무했던 부서원이 어림잡아 50명이 넘었다. 일 년이 지난 시점에 다시 세어보니 처음부터 나와 계속 같은 부서에 근무하는 직원이 채 30명도 되지 않았고, 5년이 지난 현재 시점에서는 한 명도 없다. 나를 제외하면 5년 동안 같은 부서에 남아있는 직원은 거짓말 하나 보태지 않고 '0'명이다. 지난 5년 사이에 내가 속한 조직이 두 번이나 크게 바뀌었기 때문에 직원들의 이직이나 부서 이동이 잦기는 했다. 하지만 조직이 안정된 이후에 채용된 직원들도 비슷한 행태를 보였고, 다른 부서의 경우도 유사한 점을 고려해보면 확실히 중국 직원들은 쉽게 이직이나 부서이동을 하는 것 같다. 이직이나 부서 변경을 희망했던 여러 명의 이전 직원들을 인터뷰하고 인사 담당자와도 논의한 결과 내가 내린 결론은 이렇다.

- **금전 문제에 있어서는 매우 실리적인 중국인:** 그렇다. 돈과 관련된 일에 중국인은 매우 실리적이다. 회사에 고용되어 일하는 것 자체를 회사와 자신 간 거래로 생각하기 때문에 더 좋은 거래 조건, 즉 더 좋은 임금과 더 좋은 복지제도를 제시하는 회사가 있다면 이직을 어렵게 생각하지 않는다. 마치 프로야구나 프로축구 선수 같다고나 할까? 돈에 대해서는 철저히 자본주의적인 중국의 일면이다.

- **한곳에서 오래 일할수록 불리한 인사제도:** 회사의 인사제도 역시 높은 이직률의 한 원인이다. 회사의 급여제도를 들여다보면 이상하게도 한곳에서 오래 일할수록 불리하다. 기존 직원들에게 적용되는 임금 인상 비율이 전체 경제 성장률에도 못 미치는 반면, 신규 채용하는 직원에게는 이전 직장에서의 임금보다 20~30% 가까이 높은 금액을 제시하고는 한다. 상황이 이렇다 보니 같은 해에 졸업한 동기생이라 하더라도 한 회사에서 계속 근무했던 직원 연봉보다 몇 차례 이직한 직원의 연봉 수준이 높은 것이 일반적이다.

- **친구 따라 강남 가는 중국 직원:** 앞서 중국 회사의 특징으로 부서장 권한 집중과 치열한 내부 경쟁에 대해 설명한 바 있다. 중국 직원의 높은 이직 또는 부서 변경 비율을 같은 맥락에서 이해할 수 있다. 자신

과 같이 일하던 라인 조직의 리더나 동료가 타 회사로 이직하거나 타 부서로 옮겼을 경우 같이 따라가는 일이 자주 있다. 이전 경험을 통해 서로를 잘 알며 믿음도 두텁기 때문에 새로운 환경에 빨리 적응하고 성과를 내기에도 좋다.

높은 이직 비율을 꼭 나쁘다고만 볼 수는 없다. 조직의 인적 구성을 계속 바꾸면 긴장을 유지하고 새로운 변화를 가져올 수 있는 장점이 있기 때문이다. 외국인 전문가 입장에서도 좋은 기회이다. 노련한 전문가가 조직에 남아 있으면서 새롭게 합류하는 인원들에 대해 코칭을 해주어야 하는 역할이 항상 있기 때문이다. 일종의 코치 역할인데 중국 직원들과 좋은 관계를 유지하면서 전문성을 인정받게 된다면 그 직원들이 이직한 이후에라도 관계를 유지하며 새로운 기회를 엿볼 수 있다. 문제는 잦은 이직으로 인해 회사 차원에서 노하우를 축적할 수 있는 기회가 줄어든다는 점이다. 내가 경험한 중국 직원들에 비추어보자면, 정말 중요하고 업무에 도움 되는 내용은 회사 서버가 아닌 개인 컴퓨터에 담겨 있다. 직원이 이직할 경우에 그동안 그 직원이 경험하고 배웠던 유, 무형의 교훈은 사라진다. 당연히 회사에서도 이런 문제를 알고 있어서 노동계약서에 자료관리에 대한 조항을 자세하게 정의해 놓았지만 원칙 따로 현실 따로인 경우가 대부분이다.

02

문화는 달라도 원칙은 하나

○ ○ ○

　중국에서는 회사를 公司(꽁쓰)라고 한다. 단어를 사전에서 찾아보면 모일 '회(會)'에 모일 '사(社)', 공평할 '공(公)'에 맡을 '사(司)'로 나오는데 그 뜻을 헤아리자면 여럿이 모여서 공동의 일을 맡아서 하는 단체라고 이해할 수 있다. 이름에서부터 알 수 있듯이 회사는 '나'라는 개인이 아니라 '공공(여럿)'을 위해 존재한다. 또한 회사는 한국이건, 중국이건, 세계 어느 나라건 상관없이 이익 만들기를 가장 큰 목적으로 삼고 있어 회사가 돌아가는 기본적인 방식은 철저하게 Give & Take이다. 현지 물정을 잘 모르는 외국인이라고 해서 사정을 봐주는 일은 없다. 오히려 회사 차원에서는 외국인 직원에게 단지 급여뿐만이 아니라, 부가적인 행정 절차나 관리, 감독 등 현지인보다 더 많은 유·무형 자원을 투자하므로 그만큼 더 많은 성과를 요구한다. 이 점을 전제로 두고 중국 회사에서 일하기를 조금 더 자세히 살펴보겠다.

회사의 절대 다수, 중국인과 소통하기

지리자동차는 현재 중국 최대 민영자동차 회사로 꼽히지만 5년 전만 하더라도 그저 그런 보통 회사 중의 하나였다. 당시 지리자동차는 스웨덴의 볼보자동차를 인수한 후였고 인수된 볼보자동차의 기술력을 이용하여 새로운 차량 모델을 개발하고자 했다. 내가 합류할 당시 새로운 프로젝트가 막 시작한 상태였는데 회사에서는 프로젝트를 크게 세 부분으로 나누어 역할을 배정했다. 개발은 스웨덴에서 하고 생산은 중국에서 하되 도면이 확정된 이후부터는 스웨덴에서 개발한 내용을 중국으로 계속 이전하자는 계획이었다. 아울러 품질 부문은 해외 경험이 풍부한 외국인 전문가에게 맡김으로써 객관성을 갖추도록 했다.

이런 배경 속에 최초로 임명된 품질 부문장은 한국 태생의 캐나다 사람인 A 총감이었다. A 총감은 혼다자동차, 르노자동차 등 해외 유수 업체에서 풍부한 경험을 가지고 있었고 내가 한국에서 근무할 때는 품질본부장으로 모셨던 상사였다. 품질 조직에 대해 전권을 위임 받은 A 총감은 헤드헌터 회사를 통해 추천된 외국인 전문가들과 이전 회사에서 함께 근무했던 직원들을 중심으로 조직을 건설하기 시작했다. 품질기획, 개발품질, 구매품질, 제조품질, 시장품질 등 자동차 품질 전 부문을 담당하기 위한 약 100여 명 규모의 품질 조직을 구성하는 것이 그의 목표였다. 프로젝트 목표가 세계 시장을 겨

낭한 모델 개발이었고 중국-스웨덴-기타 외국인 전문가들로 프로젝트 인원이 구성되어 있었기 때문에 공식 언어로 영어를 사용했다. 그렇기에 직원들은 국적에 상관없이 모든 회의나 보고서 작성에 영어를 사용했다. 당시 회사에는 영어를 구사하는 직원이 많지 않았기 때문에 영어로 진행되는 일상 업무 자체가 하나의 도전 과제였다. 이에 대한 해결 방안의 하나로 팀원을 4~5명씩 묶어 스터디 그룹을 만들고 영어 보고서 작성과 발표에 대한 연습을 지속적으로 실시했다.

중국인 직원들의 영어 실력 및 문서 작성 실력은 사람마다 큰 차이를 보였다. 어떤 직원은 기승전결이 명확한 논리로 문서를 작성하는 반면, 어떤 직원의 문서는 보고서라 하기에도 부끄러울 만큼 기본 형식이나 논리의 흐름이 엉망인 경우가 많았다. 이런 직원들을 위해선 보고서 제목 선정, 글꼴 선택, 문단 간격, 핵심 내용 강조 방법, 적절한 표와 차트의 사용 등 기초적인 내용부터 세세하게 코칭을 해주었다. 나중에 들어보니 중국 회사에서도 신입 사원에 대한 기본 교육이 있기는 하지만 회사 경영 이념, 창업자, 회사 주요 변천사 등 주로 회사 소개에 대한 내용뿐이라서 신입 사원이 갖추어야 할 기본 소양에 대해서는 별다른 교육이 없다고 한다. 경력 사원들도 상황은 비슷해서 직장 상사로부터 문서 작성 방법이나 발표 방법에 대해 교육을 받기는 처음이라고 하는 직원이 많았다. 몇 년이 지난 지금까지도 종종 그때 직원들로부터 고마웠다는 인사를 받곤 한다.

중국인 직원이 보내온 메일을 읽을 때면 정확한 뜻을 파악하기 위해 내가 이해한 바를 설명하고 그것이 맞는지 되묻는 일이 잦았다. 서툰 영어와 중국어로 인한 언어 장벽일 수도 있겠지만 모호하게 써진 보고 내용도 문제로 작용했다. 전후 사정이나 배경에 대한 설명 없이 중국인 직원 본인이 원하는 사항만 간단하게 적힌 경우가 많아서 왜 메일을 보냈는지, 언제까지 회신을 원하는지, 일이 처리되었을 경우 최종 결과는 어떤 것인지를 알기 힘든 경우가 많다. 서로가 잘 알고 있는 내용이거나 이전 지시 사항에 대한 결과 보고라면 모르겠지만 그렇지 않은 경우에는 최소한의 설명도 없는 메일의 내용을 이해하기가 매우 어렵다. 알지도 못하는 타 부서 직원이 밑도 끝도 없이 이런저런 내용을 알려 달라는 식의 메일을 보내올 때면 이 메일이 잘못 온 것인지 아니면 영어를 못해서 이러는 것인지 그도 아니면 나를 무시하는 것인지 알 수 없을 때가 많았다.

불충분한 의사소통으로 인한 실수를 방지하기 위해 중요한 이슈는 가급적 직접 만나서 이야기하는 것이 좋고 그것이 어렵다면 화상 회의를 하여 이해한 내용을 바로 피드백 받는 것이 차선이다. 또한, 사소한 내용이라도 논의한 내용에 대해서는 꼭 기록을 남기는 것이 좋으며 논쟁의 소지가 될 만한 사항은 5W1H(왜, 언제, 어디서, 누가, 무엇을, 어떻게)를 명확하게 기록해 놓아야 한다. 이런 상세한 기록을 남기다보면 자신들을 너무 못 믿는 것 아니냐고 의심하는 직원이 있는데, 이들에게는 기록을 남기는 일이 중국인 직원에 대한 불신이 아닌 상호 신뢰를 높이기 위한 방법이라는 부연설명이 필요할 때도 있다. 외국인 부하 직원을 대하는 중국인 상사의 태도는 다른 중국인 직원을 대하는 태도와 크게 다르지 않다. 회사를 돌아가게 하는 기본적인 원리는 어디서나 Give & Take라 주어진 역할을 잘 해낸다면 국적에 크게 개의치 않는다. 이 말은 외국인이라 해서 별도의 배려를 기대하기도 어렵다는 뜻이다. 다만, 자기 아래에 역량 있는 외국인 부하 직원이 있다는 것에 대해서는 일종의 자부심을 느끼는 듯하다.

앞서 중국 회사 문화를 설명할 때 언급한 바와 같이 중국 회사는 리더에게 권한이 집중되어 있고 소속 라인을 중요시한다. 따라서 중국인 상사를 대할 때는 권위를 존중해주면서 지시 받은 일의 결과를 확실하게 보고하는 것이 필요하다. 상사와 다른 의견이 있을 때 역시 다른 직원이 있는 자리에서 반대 의견을 직접 제시하기보다는 이전의 사례나 다른 직원들의 반응을 예로 드는 등 간접적인 의견 제시가 바람직하다. 하지만 전문 기술에 대한 내용이나 인사 문제에 대해서는 명확하고 단호하게 의견을 제시하여 프로다운 모습을 보여주어야 한다. 중국 회사에서 외국인인 당신을 고용한 이유는 그 전문성 때문이지 사람이 좋아서가 아니기 때문이다.

외국인을 상사로 두고 있는 중국인 직원들은 업무 외에 한 가지 기대감을 더 가지고 있다. 외국에 대한 일종의 동경이라 할 수 있는데 영어를 사용하는 일상 업무나 권위적이지 않은 수평적 관계, 풍부한 해외 경험같이 흔히 말하는 글로벌 스탠다드를 배우고 싶어 한다. 특히 북미나 유럽인들에 대하여 이런 판타지를 가지고 있는데 한국에 대해서도 나름의 판타지를 가지고 있다. 아마 뉴스를 통해 들은 한국의 앞선 기술과 직접 보고 들은 한국 대중

문화의 영향 때문은 아닌지 생각된다.

자신의 조직을 운영하는 방식은 관리자의 몫이다. 자신의 철학이나 스타일에 따라 다르게 할 수 있어서 자유분방한 조직을 만들 수도 있고 엄격하고 위계질서 있는 조직을 만들 수도 있다. 어떤 방식이 되었건 중국인 직원들이 관리자를 믿고 소통할 수 있어야 한다는 점이 중요하다. 중국 직원들은 관리자라고 해서 자신이 아는 것을 다 보고하지 않는다. 때문에 직원들의 신뢰를 얻지 못한다면 부하 직원들에게 왕따를 당하거나 중요한 정보에 뒤쳐질 수 있다. 그래서 중국인 직원과 신뢰를 구축하는 것이 매우 중요하다.

신뢰는 하루 아침에 생기지 않는다. 때문에 중국인 직원과 지속적인 교류를 갖는 노력이 필요하다. 호칭도 디렉터(总监), 부장(部长), 매니저(经理)같은 회사 직위를 쓰기보다는 부르기 쉬운 영어 이름을 사용하는 편이 중국인 직원들과 가까워지는데 도움이 된다. 아예 중국인 직원들에게 중국식 이름을 지어달라고 부탁하는 것도 좋다.

중국 직원들은 상사를 통해 무엇인가 배우기를 기대한다. 상사가 가지고 있는 경험이나 기술뿐만이 아니라 외국에 대한 판타지까지 포함해서 말이다. 또한 가능하다면 현재의 회사뿐만이 아니라 다른 회사에 가더라도 자신을 이끌어 줄 수 있는 상사를 기대한다. 회사가 배움을 목적으로 하는 학교는 아니기 때문에 직원들의 이런 욕구를 다 채워주기는 힘들겠지만 자신이 가지고 있는 유, 무형의 노하우를 직원들과 공유하는 것이 좋다. 그것이 회사가 외국인을 고용한 목적일 뿐더러 팀과 본인을 위해서도 나쁘지 않은 선택이다.

중국 회사에서 오래 일하려면 본인의 능력이나 기술을 다 보여주면 안 된다는 사람도 있다. 한국의 기술을 빼돌리는 산업스파이가 되거나 회사의 기술을 탈취하는 어마어마하고 무시무시한 수준의 일까지는 아니더라도 본인이 가진 것을 다 보여주면 할 일이 없어진다라는 이유에서다. 타당한 면이 있지만 개인적으로는 조금 다르게 생각한다. 우선 그럴 만큼 탁월한 능력과 기술을 가지고 있다고 생각하지 않는 것이 첫 번째 이유이고 내가 가진 노하우를 직원들과 나누더라도 현재 직원 중 상당수는 몇 년 안에 회사를 떠나거나 다른 부서로 옮길 가능성이 높다는 것이 두 번째 이유이다. 회사의 일은 개인이 아니라 팀워크로 하는 것인데 팀원들이 일을 제대로 몰라서야 어떻게 수준 높은 팀워크를 기대하겠는가? 차라리 내가 경험했던 내용을 직원들과 공유해 중국 회사의 상황에 맞는 최적의 방안을 같이 고민하는 편이 보다 건설적인 방향이라 생각한다.

중국인에 대한 선입견이라 할 사람도 있겠지만 중국인 직원들에게 적극적인 업무 수행을 기대하는 것은 현실적이지 않다. 물론 사람에 따라 달라서 상사가 업무 방향만 제시하면 실무적인 내용에 대해서는 스스로 계획하고 보고하는 중국 직원들도 있다. 하지만 보통의 중국인 직원들은 주어진 지시나 프로세스에 명시된 본인의 업무 외에는 관여되는 것을 꺼려한다. 팀 내에서 누군가 하지 않으면 문제가 된다는 것이 뻔히 보이는 경우에도 절대 먼저 나서지 않는 것이 보통이라 중국 직원들에게 지시를 내릴 때는 매우 구체적으로 지시를 해야 한다. 심지어는 주어진 일이 끝나더라도 보고하라는 지시가 별도로 없다면 결과 보고를 안 하는 경우도 있기 때문에 관리자는 업무 중간중간 진도를 확인해야 한다. 관리자가 구체적으로 지시하고 중간에 점검을 한다면 중국 직원들은 지시 받은 바 그대로 업무를 수행하는데 이는 중국인들이 벌(penalty)에 민감하기 때문이다. 중국 회사에서는 마치 중고등학교 같이 벌점 제도를 운영한다. 지각하면 벌금 얼마, 사내 주차 위반일 경우 벌금 얼마, 흡연구역 외에서 담배 피면 벌금 얼마, 책상 정리가 안 되어 있으면 벌금 얼마 하는 식이다. 대개 벌금은 건당 10~100 RMB 정도로 그다지 크지는 않다. 하지만 이런 위반 내역이 회사에 공지되고 부서별로도 합산이 되어 관리자와 팀 전체에도 벌금이 부과된다는 것이 문제이다. 그리 권장할 만한 방법은 아니지만 부하 직원을 다룰 때 벌에 민감한 중국 문화를 이용할 수도 있다. 지금까지 설명한 내용은 평균적인 중국인 직원을 보고 관찰한 주관적인 의견임을 다시 한번 전한다.

중국어를 배워야 하는 이유

중국에서 일하는 외국인인 이상 언어문제로 인한 핸디캡은 어쩔 수 없다. 중국 생활에서 오는 여러 가지 어려움들의 근저에는 바로 언어 장벽이 있다. 일하는 회사가 한국계 회사거나 한국 회사의 중국 지사가 아닌 이상, 언어 문제는 피할 수 없다. 내가 일하는 회사에서 아무리 영어를 공용어로 쓴다고 해도 영어 역시 내 모국어가 아닌 이상 의사소통에 한계가 있다. 때문에 중국인 직원들과 소통하기 위해서는 중국어도 할 줄 알아야 한다. 중국어를 배우려는 외국인의 노력을 중국인에 대한 최소한의 예의라고 생각하는 현지인이 많을 뿐만이 아니라 중국인들 사이에서 공유되는 정보를 어느 정도는 파악하기 위해서라도 중국어 구사 능력을 갖추어야 한다.

중국어는 현지에서 체류하는 시간이 길다고 해서 자연히 습득되지 않는다. 본인이 꾸준히 노력해야만 가능하다. 솔직히 이야기하자면 중국어는 내가 이제 와서야 후회하는 부분이다. 공용어가 영어라는 것만 믿고 배우려는 노력을 하지 않다 보니 5년이 지난 지금도 중국어에 익숙하지 않다. 공용어가 영어라는 점 외에도 핑계가 많았는데 업무가 너무 바빠 시간이 없다든지, 내가 중국어를 사용하면 영어를 배우려는 중국 직원들에게 피해를 줄 수 있다는 등 이유 같지도 않은 이유를 들면서 중국어 공부를 피해왔다. 그러다 보니 중국어가 아닌 눈치만 늘게 됐다. 사실 눈치는 고상하게 표현하자면 상대방의 언어적 · 비언적인 의미를 추측을 통해 이해하는 것으로 해외에서 생활하는데 꼭 필요한 능력중의 하나라 생각한다. 염치 없는 변명이긴 하지만 중국어는 늘지 않아도 경험을 통한 눈치는 많이 늘었다며 스스로를 위로하고는 한다.

어쨌거나 프로젝트가 마무리 되고 대부분의 일이 중국 현지에서 이루어지게 되자 중국어를 사용하는 일이 점점 많아지게 되었고 그제서야 부랴부랴 중국어에 매달리고 있다. 하지만 중국어를 배운다는 것이 말처럼 쉽지 않다. 내 업무가 자동차 시장 품질이다 보니 시장에서 발생하는 여러 가지 고객 불만 사항들을 어떻게 해결할지 고민이 많다. 설계, 구매, 생산, 영업, 서비스, 품질 등 관련 부서들이 모여 문제 발생 원인과 대책을 논의하다 보면 정말 스트레스를 제대로 받는다. 한국 회사에서 한국어로 이야기하더라도 갑론을

박 논란이 많은 품질 업무인데, 중국 회사에서 영어로 때로는 중국어로 논쟁하려니 얼마나 힘들겠는가? 고객은 불만으로 아우성이고 원인 분석은 잘 안되어 있으며 귀에 들리는 것은 영어이고 보이는 것은 소리치는 중국인 상사인 상태에서 내 머릿속은 한국어가 맴도는 상황에 처하다 보면 심장은 미친 듯이 뛰고 땀은 삐질삐질 나며 입술은 부들부들 떨린다. 대책은 고사하고 기본적인 답변조차 못하는 바보가 되곤 한다. 이런 경험을 하다 보면 직장 생활 자체에 대해 회의가 들기도 하지만 어차피 포기할 수 없다면 부딪혀야 한다고 스스로 다짐하면서 '최소한 말이라도 잘했으면' 하는 한탄을 하곤 한다.

책을 보는 사람들은 나와 같은 일이 없길 바란다. 혹시라도 중국어 공부에 소홀해지면 마음을 다시 가다듬고 열심히 노력해야 한다. 인터넷을 검색해 보면 사설 학원에서 운영하는 중국어 온라인 교육 과정이 많이 있으며 비용도 그렇게 비싸지 않다. 유튜브에는 중국어 교육 동영상이 많이 올라와 있어서 얼마든지 무료로 배울 수 있다. 더욱 적극적으로 배우길 원한다면 중국 현지 대학들이 운영하는 중국어 코스에 등록하는 것도 좋은 방법이다. 주중에 배우는 전일 과정도 있고 직장인을 위한 야간반 과정이나 주말반 과정도 있다. 학교마다 차이는 있지만 한 한기 4개월 과정 기준 전일반은 약 10,000~15,000 RMB(한화 약 170만 원~250만 원) 야간반/주말반은 6,000~8,000 RMB(한화 약 100만 원~140만 원) 수준이다. 중국 대학생 개인교습도 좋은 방법인데 교습비는 시간당 150 RMB(한화 약 25,000원) 정도이다.

때로는 겸손을 버릴 줄도 알아야 한다

회사로부터 돈을 받는 대가로 일하는 직원은 모두 프로다. 프로 운동선수처럼 몸값에 걸맞은 성과를 내야 한다. 특히, 중국 현지인보다 상대적으로 높은 연봉을 받는 외국인 직원은 주변의 시선도 더 끌고 있으므로 성과를 보여주는 데에 뛰어나야 한다. 회사 차원에서 한번 생각해 보겠다. 중국 인력 시장에 퍼진 소문에 따르면 자동차 경력 15년 이상인 매니저급 한국인 기술자의 연봉은 세후 60~70만 RMB(한화 1억~1억 2천만 원) 정도이다. 물론, 개인별 연봉은 대외비이고 능력에 따라 차이가 있어서 정확한 금액을 파악하기는 어렵다.

내가 근무했던 지리자동차 품질부서의 예를 다시 들어본다. 당시 품질부서의 전체 인원 계획은 약 100명이었고 그중 팀장급인 중간 관리자로 약 20여 명의 한국인 기술자들을 고용했다. 이는 매우 과감한 결정이었는데 어림잡아 이들에 대한 인건비만 1년에 20억 원 이상(세후 기준) 투자한다는 의미이기 때문이다. 나뿐만이 아니라 같이 고용된 다른 한국인 전문가들 모두 비즈니스 세계는 냉혹하다는 것을 잘 알고 있던 터라 과감한 투자에 걸맞은 실적을 올리기 위해 많은 고민을 했다. 사실 품질부서 단독으로 부서의 역량을 단기간에 보이기란 여간 어려운 일이 아니다. 품질부서의 역할이란 상호작용을 돕는 촉매제와 비슷하여 다른 부서인 연구, 개발, 제조, 구매, 영업, 기타 지원 부서 등 전체 조직의 상호 협력과 지속적인 노력 없이는 성과를 내기가 어렵기 때문이다. 당시 품질부서가 어려움을 극복하려는 방법의 하나로 택한 것이 직원을 위한 교육 교재 발간이었다. 우선 미국, 중국, 한국에서 발생한 대표적인 자동차 리콜 사례 100건을 분석하고 새로 개발하는 차에는 유사한 문제가 없는지 검토했다. 또한, 고객 관점에서 경쟁 회사 차량과 현재 개발 중인 차량의 스타일링, 성능을 비교 평가하여 그 결과를 책으로 만들었는데 부서를 조직하는 1년 사이에 총 3권의 책을 발간했다.

책이 발간될 때마다 연구소, 생산 공장, 구매 등 각 부문의 임원들과 실무자들이 참석하는 대규모 세미나를 개최하여 책의 내용을 설명하고 관련 부서의 적극적인 활용을 요청했다. 이런 세미나는 품질의 중요성을 일깨우는 정신 교육의 기회가 될 뿐만 아니라 타사 성공·실패 사례의 교훈을 실무에 반영할 수 있는 계기도 되었기 때문에 관련 부서들의 반응이 좋았다. 이외에도 주요 행사를 신문 형식으로 만들어서 주기적으로 나누어 주거나, 일상에서 발견할 수 있는 품질 문제점과 이에 대한 개선 사례를 발표하는 등 기존의 중국 회사에서는 없었던 새로운 일을 시행했다. 행사를 준비하는 한국인 매니저들 처지에서는 힘들고 수고스러운 일이었지만 마음 한편으로 후일 중국에서 자신들이 이룰 성공 스토리를 떠올리며 노력을 이어 나갔다.

일만 잘하면 되지 꼭 그런 전시성 행사를 해야 하느냐고 물을 수도 있다. 물론 별다른 내용 없이 겉만 번지르르한 성과라면 그리 오래가지 않아서 실력이 탄로 난다. 따라서 안 하는 것만 못하다. 한번, 이 점을 생각해 보길 바란다. 중국 업체에서 관심 있어 하는 외국인 전문가는 동종 업계 글로벌 회사에서 20년 이상 경험을 가진 베테랑들로 한국 회사에서는 40대에 접어든 차장·부장급이다. 그러나 중국 회사로 가면 고위직은 중국인들이 차지하고 있고 아래 단계의 실무 매니저 및 직원들 역시 젊은 중국인들이 차지하고 있는 형태이다. 중국 회사 안에서 외국인 전문가의 위치는 간단히 말해서 샌드 위치나 마찬가지인 셈이다. 이런 상황에서 자신이 이룬 성과를 강조하지 않는다면 노력은 그냥 묻혀버리고 그 성과는 다른 중국인 직원이 가져갈 것이다. 한국인 특유의 미덕인 겸손이 항상 좋은 결과만 가져오지는 않는다. 잘난 척하라는 말이 아니라 전문가의 모습을 확실히 각인 시켜야 한다는 뜻이다. 그래야만 중국인 직원들이 한국인 전문가를 존중하게 되어 회사에서 확실하게 입지를 구축할 수 있다.

비단 업무에 한정된 이야기만은 아니다. 남다른 특기나 취미, 사람들의 관심을 끌만한 긍정적인 행동이라면 어떤 것이라도 좋다. 내가 아는 어떤 분은 취미로 배웠던 서예를 잘 활용했다. 춘절(한국의 설) 즈음에 열리는 회사 신년 행사에 나가 갈고 닦은 서예 실력을 발휘하여 중국인들에게 환호를 받았다. 중국인 자신들도 잘 못 쓰는 붓글씨를, 중국말도 서툰 외국인이 멋지게 휘갈기니 얼마나 인상적이었겠는가? 어떤 사람은 취미인 수영 덕분에 회사 안에서뿐만 아니라 회사 밖에서도 유명해졌다. 건강을 위해 평소 꾸준히 수영을 해왔는데 우연히 참가한 사내 수영대회에서 1등을 차지했고, 이후 지역 직장인 대회에 회사 대표로 출전하여 입상을 했다. 회사 홍보 영상물에 등장하며 잡지에 인터뷰가 실린 것은 물론이다. 업무와 관련하여 기존에 가지고 있는 전문성에 자신만의 매력이 더해지면 어느 누구라도 그런 사람과 함께 일하고 싶은 마음이 들게 될 것이다. 자신의 역량을 드러내라. 그리하면 앞서 예로 들었던 사람들처럼 중국 회사에서 승승장구할 수 있을 것이다.

중국 회사의 복리후생

1978년 개혁개방 이래 중국은 중앙정부에 집중된 강력한 정치체제를 바탕으로 눈부신 경제 성장을 지속하고 있지만 2000년대 이후로는 각종 부작용이 발생하고 있다. 특히, 경제적 불평등이 심한데 도시-농촌 간 빈부 격차, 개인별 빈부 격차가 점점 커지고 있어 중국 정부는 해결책을 찾으려는 노력을 꾸준히 진행하고 있다. 그중 하나가 '사회보장보험제도'이다. 중국 정부는 2000년에 국가와 민영사업체, 노동자 개인이 함께 복지비용을 부담하도록 하는 사회보장제도를 수립했다. 기본 취지는 법에 따라 연금보험의 실시 범위를 확대하고, 사회통합 및 사회·개인의 부담을 서로 결합하는 도시근로자 기본연금보험제도를 계속 개선한다는 것이다.

2011년, 중국 정부는 보다 강화된 사회보장제도를 발표했는데 여기에 따르면 회사에 고용된 외국인 노동자에 대해서도 반드시 사회 보험을 들도록 강제하고 있다. 일명 '五险一金(wǔxiǎnyījīn)'이라 하여 5가지의 사회 보험(연금보험, 의료보험, 상해보험, 양육보험, 실업보험)에 의무적으로 가입해야 한다. 이를 위해 직원 개인의 급여에서 일정액이 공제 되며 회사에서도 일정 비율만큼 보험료를 부담할 뿐만 아니라 중국 정부에서도 일정 비율을 부담하고 있다. 위험에 대비하는 상품인 보험의 특성상 이러한 사회보장보험의 혜택을 직접적으로 체감하는 외국인 직원은 아마 거의 없다고 봐야 한다. 1년에 몇 차례 병원 갈 때 받을 수 있는 의료보험을 제외하고 말이다. 다만, 중국 회사에서의 노동 계약이 끝나서 중국을 떠날 때는 연금보험에 대해 선택을 할 수 있다. 만기가 될 때까지 기다렸다가 연금을 받거나 아니면 기 납부 금액 중 본

105

인 부담금을 환급 받거나 둘 중 하나를 선택할 수 있다. 사실, 한국에서도 국민연금이 큰 사회 문제이지만 중국에서도 골칫덩어리이다. 평균 수명이 길어지고 물가 상승으로 인한 보험금 지급액이 늘어나면서 연금보험 적자가 증가하고 있기 때문이다. 상황이 이렇다 보니 외국인 대부분은 연금보험 환급을 선택한다. 다만, 복잡한 행정절차가 있고 이미 떠난 중국 회사의 도움이 절대적으로 필요한 점을 고려하면 쉽지 않은 일이다. 그러나 어쨌든 제도적으로는 환급 가능하게 되어 있다.

법률로 정해진 사회보장보험 외에 중국 회사로부터 받을 수 있는 복리후생은 여러 가지가 더 있다. 연봉 외에 중국 회사에서 받을 수 있는 아래의 각종 혜택을 모두 여기에 포함시킬 수 있겠다.

- **연차휴가**: 법정 공휴일 외에 개인적으로 사용할 수 있는 연차휴가(年假)가 있다. 노동계약 내용에 따라 다른데 신입 사원은 5일이며, 이후 근무 연수가 늘어나면 사용할 수 있는 연차휴가 일수도 증가한다. 외국인 직원에게는 보통 15일에서 20일의 연차휴가가 주어진다. 그러나 중국에서 일하다 보면 가족을 만나거나 병원 치료, 기타 갑작스러운 일로 한국에 갈 일이 많이 생겨 15일 휴가로는 부족한 경우가 있다. 그럴 경우, 평소 휴일 근무나 잔업을 쌓아두어 대체 휴가를 사용하기도 하며 성과가 좋은 직원에게 부서장이 재량껏 부여하는 특별휴가를 사용하기도 한다.
- **주택 임차비**: 중국에 집을 보유한 경우가 아니라면 대부분 집을 임대

하여 생활한다. 주택 임차비는 지역, 환경, 시설수준 등에 따라 천차만
별인데 월 2,000RMB 하는 원룸이 있는가 하면 20,000RMB가 넘는
고급 아파트도 있다. 이런 이유로 회사에서 직원 복리 후생차원으로
주택 임차비(일부)를 정액제로 지급한다. 한국계 회사의 중국 지사에
근무하거나 주재원으로 파견된 경우에는 상당한 수준의 주택 임차비
지원을 받지만 중국 회사에 취업했을 경우, 특별한 이유가 없는 한 월
2,000RMB 정도의 보조금이 보통이고 그나마도 없는 경우도 있다.

- **자녀 학자금**: 중국에서는 의무교육을 실시하고 있기 때문에 자녀를 중
국 현지 학교에 보내는 경우 학비 부담이 크지 않다. 하지만, 국제 학
교에 보낼 경우에는 연 20만~25만 RMB의 학비를 부담해야 한다. 한
국계 회사의 자녀 학자금 지원 조건은 나쁘지 않다고 들었지만 중국
회사의 경우에는 별도의 자녀 학자금 지원이 없거나 극히 드물다. 하
지만, 본인이 가지고 있는 능력과 기술을 회사가 얼마나 높이 평가하
느냐에 따라 달라질 수 있다. 미리 포기하기보다는 자신의 역량과 보
유 기술을 적극 어필하는 것이 필요하다. 앞서 설명한 바와 같이 부서
장의 권한이 크기 때문에 평소 부서장으로부터 좋은 평가를 받았다면
자녀 학자금 지원을 시도해 볼 만하다.

- **교통비**: 직원 출퇴근 편의를 위하여 교통비 명목으로 어느 정도 금액을
지원해준다. 다른 복리후생과 마찬가지로 전액보다는 일정액을 지원
하는 것이 보통이다. 통근버스가 운영될 경우 지급된 교통비를 다시 월
급에서 공제한다. 임원 이상에게는 회사 차량이 제공되기도 한다.

- **식비**: 월급 명세서를 보면 식비 명목으로 일정 금액이 지급된다. 회사에서 보조하는 식비는 몇백 RMB 수준이라 많지는 않다. 하지만, 회사 식당의 밥값은 한 끼에 20~50RMB 정도로 저렴한 편이라 크게 부담은 없다.
- **통신비**: 식비와 비슷하다. 지급 금액은 크지 않지만 급여 외에 한 푼이라도 더 받을 수 있다면 직원 입장에서야 나쁠 것이 없다.
- **기타**: 설과 추석 명절 때는 회사에서 선물 세트를 지급하는 관행이 있는 것 같다. 생일이나 입사기념일도 잊지 않고 챙겨주는데 계열 회사의 옷이나 운동화가 나올 때도 있고, 전통 음식이나 상품권이 나오기도 한다. 중국 회사에서 몇 년 일하다 보니 회사 로고가 찍힌 외투가 두 장, 운동복이 두 벌, 가방이 하나 남아 있다. 프로젝트가 잘 끝나거나 회사의 성과가 좋을 때 성과금이 나오기도 하는데 전체 직원들에게 주다 보니 금액은 그리 크지 않다.

복리후생은 급여 금액과 비교하면 적은 액수다. 대개는 항목별 발생 비용 전체 금액보다는 훨씬 적은 일정액만 지원한다. 하지만 소소하더라도 모두 합산해 보면 결코 무시할 수 없는 부분이다. 또한, 회사에 꼭 필요한 인력에게는 예외를 두기도 해서 금액이 큰 주택 임차비나 자녀 학자금을 지원해주는 경우도 있으니 회사와 협상해 보는 것이 좋다.

협력 업체와 일하기

　국어사전에서 '갑질'이란 단어를 찾아보면 '상대적으로 우위에 있는 자가 상대방에게 오만 무례하게 행동하거나 이래라저래라 하며 제멋대로 구는 짓' 또는 '갑을 관계에서의 '갑'에 어떤 행동을 뜻하는 접미사인 '질'을 붙여 만든 말로, 권력의 우위에 있는 갑이 권리 관계에서 약자인 을에게 하는 부당 행위를 통칭하는 개념'이라고 나온다. 얼마나 악명이 높은지 영어로도 'Gapjil'이라는 단어가 있다. 내가 일하는 자동차 산업을 예로 들겠다. 잘 알려져 있다시피 자동차 산업 생태계는 상당히 수직적이다. 가장 꼭대기에는 자동차를 이용하는 고객이 있고, 바로 아래에 완성차 업체가 위치하며 그 아래에 1차 협력 업체가, 다시 그 아래에 2, 3차 협력 업체가 이어지는 피라미드 형태다. 이는 전 세계 자동차 업계 어디서나 같은 구조이며 ISO 9001, ISO/TS 16949 같은 국제 표준을 통해 체계적인 논리를 갖추고 있다. 자동차 업계의 대표적인 품질 관리 방법인 Core tool은 형식상 아주 논리적이고 효과적인 것이 틀림없지만 실제적으로는 자동차 피라미드를 더욱 견고히 하게 하는 지배 방법이기도 하다. 일부에서 아니라고 부정할 수도 있겠지만 피라미드의 하부 구조에 있는 협력 업체 종사자들에게 물어보면 쉽게 답을 알 수 있을 거라 장담한다. 완성차 업체는 협력 업체를 대상으로 여러 가지 방법 – 납품 가격 인하, 납품 물량/시기 조정 등 동원 가능한 모든 방법 – 을 통해 자신들에게 유리한 조건을 협력 업체에 강요한다. 완성차 업체 입장에서 협력 업체 관리를 크게 3개 부문으로 나누어서 하는데 납품될 제품 설계, 특성 등 제품 자체에 대해서는 연구개발부서가, 제품 가격, 납기 조건 등 상업적 관리에 대해서는 구매부서가, 납품 품질 관리, 문제 해결, 협력 업체 육성 에 대해서는 SQ (Supplier Quality) 부서가 담당한다. 피라미드 구조에 종속된 협력 업체 입장에서는 울며 겨자 먹기로 수용할 수밖에 없고 그저 그중 일부를 아래에 있는 2, 3차 협력 업체로 전가하는 것이 일반적인 형태이다. 아마 다른 분야도 마찬가지 아닐까 생각된다.

중국에서의 갑을 관계는 어떨까? 중국의 계약서를 보면 실제로 갑(甲), 을(乙)로 표현되어 있다. 내가 겪은 중국 자동차 회사의 경험만으로 이야기하자면 한국의 '갑질' 못지않고, 어쩌면 더 할 수도 있을 정도이다. 자동차 '품질보증'이라는 것이 있다. 자동차 제조사 또는 판매사의 고객에 대한 약속으로 제품 하자 발생 시 특정 기간(예를 들어 3년), 특정 주행 거리(예를 들어 6만km) 같은 일정 조건하에 무상 수리를 제공하는 것이다. 국가별로 차이는 있지만, 최소 어느 정도 제공되어야 하는지 법으로 정해 놓고 있다. 이때 발생하는 비용을 보증 비용이라고 하는데 고객은 무료로 서비스를 받고, 자동차 회사가 이 비용을 부담한다. 자동차 회사는 발생한 보증 비용을 분석한 후 문제 원인별로 배분한다. 문제가 발생한 원인에는 다양한 경우의 수가 존재하기 때문에 보증 비용에 대한 책임 소재 결정은 많은 기술적 검토와 상업적 협상의 과정을 거친다. 더욱이 자동차의 전자화가 가속화되고 있는 상황에서 원인 분석은 고사하고 문제 재현 자체가 안 되는 때도 있으므로 보증 비용처리를 놓고 완성차 업체와 협력 업체 간 논쟁은 빈번해지고 더욱 치열해진다.

당연히 품질 업무를 담당하는 내 관점에서는 보증 비용이 매우 중요한 쟁

점 중의 하나였다. 때문에 관련 부문과 수차례 회의를 열며 선진 업체들의 보증 비용 관리방법을 설명하였는데 관련 부문에서 예상치 못한 답변을 받았다. 그들의 설명에 따르면 대부분의 보증 비용을 협력 업체에 청구한다는 것이다. 정확한 수치를 보여주지는 못했지만, 대개는 90% 이상, 어떤 경우는 100%를 초과하기도 한다고 하면서 내가 설명한 선진 업체의 관리방법보다 자신들의 관리방법이 훨씬 적은 노력으로 많은 성과를 낸다고 매우 자랑스러워했다. 완성차 회사 입장에서는 아주 간단하면서도 확실한 방법이지만 협력 업체 입장에서는 매우 불공평한 일이다. 중국 업체가 세계적인 회사를 지향하면서, 또한 세계적인 협력 업체들과의 사업이 빈번해지고 있어서 이러한 일방적인 관리는 변화가 불가피해 보이지만 아직 상당수의 중국 임직원들은 이전 방식의 사고에서 벗어나지 못하는 것 같다.

협력 업체와 관련한 또 한 가지 갑질 사례로 업체 이원화 정책을 들 수 있다. 예를 들어 어떤 부품에 경쟁력이 있는 'A' 협력 업체가 있다. 그러면 완성차 업체에서는 일단 A 업체와 계약을 맺고 부품 개발을 시작한다. 'A' 업체는 고객사 요구에 맞추어 제품 설계를 하고, 검증하고, 시제품을 만들고, 생산 설비를 구축하고 양산한다. 완성차 업체는 개발 과정에서 주기적으로 업체의 상태를 평가하며 각종 기술 자료들을 확보하게 된다. 양산 직후 발생하는 품질 문제들 해결 또한 'A' 업체가 감당해야 할 몫이다. 그렇지 않으면 눈덩이처럼 커지는 보증 비용을 오롯이 'A' 업체가 책임져야 하는 상황이 될 테니 말이다. 양산 후 초기 6개월 정도가 지나면 생산이나 품질 모두 어느 정도 안정화되는데 언제부터인지 경쟁사인 'B' 업체가 같은 부품을 납품하기 시작한다. 'A' 업체가 자신들의 기술이 'B' 업체로 넘어갔을 것으로 의심하는 것은 당연하지만 마땅히 대응할 만한 방법이 없다. 중국에서의 모든 협력 업체 관계가 이렇게 착취적인 모습이라고 단언할 수는 없지만 악명이 상당히 높다는 사실은 분명하다.

내가 참석한 협력 업체 회의에서 당혹스러운 경험이 여러 번 있었다. 중국어를 못했기 때문에 전체 내용을 파악하진 못했지만 일방적인 분위기에서 큰소리치는 '갑'과 주눅든 '을'은 쉽게 구별할 수 있었다. 회의가 끝난 후 '갑' 회사 직원들이 모여 떠들고 있었는데 통역에게 물어보니 '을'로 일하는 건 정말 끔찍할 것 같다면서, 끝까지 '갑' 회사에서 일하고 싶다는 내용이었다. 그런데도 왜 많은 협력 업체들이 왜 중국 완성차 업체와 비즈니스를 원할까? 그 답은 의외로 간단하다. 중국 완성차 업체와의 비즈니스가 협력 업체 입장에서도 큰 기회이기 때문이다. 누가 뭐라 해도 중국의 자동차 시장은 세계 최대 규모이다. 그래서 글로벌 업체가 되기를 꿈꾸는 중국 내 많은 협력 업체와 이미 성장의 한계에 다다른 한국의 일부 업체는 위험 부담을 알면서도 중국 완성차 업체와의 거래를 희망하고 이를 잘 아는 중국 완성차 업체는 유리한 입장에서 자신들의 이익을 극대화한다. 냉정한 비즈니스의 세계를 잘 보여주는 대목이다. 자동차 산업 분야에서의 사례를 가지고 중국 시장 전체에 대해 일반화할 수는 없겠지만 중국 내 한인 커뮤니티를 통해서 듣기로는 다른 분야에서도 비슷한 경우가 많다고 하니 참조가 되었으면 한다.

국가 전략사업을 보면 중국 취업이 보인다

세계 최대 인구수를 자랑하는 중국인 만큼 취업 준비생 규모도 어마어마하다. 보도에 따르면 2019년 한 해에만 중국에서 대학을 졸업하는 인원이 834만 명에 달한다. 당연히 한국 못지않은 치열한 취업경쟁이 중국에서도 벌어지고 있다. 수십 년간 지속하였던 중국 경제성장에 대해서도 비상등이 켜지기 시작했다. 중국 국가통계국이 발표한 통계에 따르면 2018년 중국의 실질 국내총생산(GDP) 성장률은 6.6%로 잠정 집계되었다. 이는 1989년 톈안먼(天安門) 민주화 시위 유혈 진압 사태로 중국 경제가 큰 타격을 입었던 1990년에 3.9%를 기록한 이후 가장 낮은 수준이다. 중국의 연간 경제성장률은 2010년 10.6%로 정점을 찍은 뒤 매년 감소하고 있다. 더욱이, 중국 정부가 부채 감축 정책을 펴고 있는 데다가 미국과의 무역 갈등이 계속되면서 2019년도 중국 경기전망 역시 비관적이다.

전반적인 상황을 고려할 때 중국 내 취업 경쟁은 더욱 어려워질 것으로 예상된다. 사실, 청년들의 취업 경쟁은 중국도 한국과 비슷한 상황이라서 공무원시험이 갈수록 치열해지고 있으며 대학원 진학률도 해마다 높아지고 있다. 장래가 유망한 전문직, 예를 들어 의사, 변호사, 소프트웨어 전문가, 금융전문가 같은 분야에는 지원자가 몰리지만 전통적인 제조업은 갈수록 인기가 떨어지고 있다. 그렇다고 중국 취업을 무작정 포기할 수는 없다. 한국의 경제 상황은 더욱 불확실한 데다가 14억 명이 넘는 인구수의 중국이 연 6% 이상 성장할 때 발휘될 기회는 여전히 크다고 할 수 있으니 말이다. 그렇다면 어느 분야가 유망할까?

지난 2015년 중국 정부는 제조업 혁신을 목표로 중국 제조 2025라는 산업고도화 전략을 발표했다. 과거 중국의 경제성장이 '양적인 면'에서 '제조 강대국'이었다면, 앞으로는 혁신역량을 키워 '질적인 면'에서 '제조 강대국'이 되고자 하는 전략인데, 기존 제조업과 인터넷의 융합을 통한 제조업 경쟁력 강화가 주된 목표이다. 앞서 설명한 것처럼 제조업에 대한 인기가 갈수록 떨어지고 있고 한때 세계의 공장이라 불렸던 중국의 명성이 쇠퇴하고 있는 것을 중국정부도 잘 알고 있다. 이에 중국 정부는 향후 30년간, 10년 단위로 3단계에 걸친 장기 계획을 계획하였는데 5개의 프로젝트와 10개의 전략산업으로 구성되어 있다.

— **1단계(2015~2025):**
  미국, 독일, 일본, 한국 등과 같은 세계적인 제조 강국 대열에 진입.

— **2단계(2026~2035):**
  글로벌 제조 강국 내 중간 수준 확립.

— **3단계(2036~2045):**
  주요 산업에서 선진적인 경쟁력 보유, 세계 시장 선도.

- **5대 프로젝트**

  국가제조업 혁신센터 구축

  스마트 제조업 육성

  공업 기초 역량 강화

  첨단 장비의 혁신

  친환경 제조업 육성

- **10대 전략사업**

  차세대 IT 산업

  고정밀 고성능 로봇산업

  항공우주 산업

  차세대 해양장비, 조선 산업

  선진 철도, 교통 산업

  에너지 절약 및 뉴 에너지 자동차 산업

  고효율 전력 산업

  농기계 산업

  신소재 산업

  신약 및 의료기기 산업

이 같은 배경하에 10대 전략사업으로 선정된 산업 분야는 중국 정부의 지속적인 투자 및 인력 확보가 이루어지리라 예상된다. 중국 취업의 기회가 늘어나는 것이 반갑기는 하지만 한편으로는 안타까운 부분도 있다. 중국의 이 같은 전략이 성공할 경우 한국 경제에 위협이 될 수 있는데 중국이 목표로 하는 대부분의 산업이 한국과 치열한 경쟁을 벌이고 있는 분야이기 때문이다. 또한, 미국은 중국 제조 2025 전략을 견제하기 시작하여 통상 마찰이 증대하고 있으며, 양국 간 무역전쟁의 틈바구니 속에서 한국 경제가 타격을 받고 있기 때문이다. 이 책에서는 개인 직업 선택의 관점에서 접근하였기 때문에 이 부분에 대해서는 더 이상 이야기하지 않겠다. 앞서 언급한 제조업 분야뿐만이 아니라 다른 분야에서도 여전히 기회가 있다. 소득 수준이 높은 고객들이 찾는 분야, 한국이 상대적으로 강세인 분야를 꼽을 수 있다. 예를 들어, 의료 서비스, 교육 서비스, 실버 산업, 화장품, 방송 콘텐츠, IT, 컴퓨터 게임, 패션 디자인 등을 들 수 있다. 실제로 중국에서 일하는 동안 접한 한국인 커뮤니티에는 이런 분야에 종사하는 분들이 꽤 있었다.

중국의 China Daily 보도에 따르면 중국에서 일하는 외국인 수는 90만 명이 넘는다. 한국에서 4년제 일반대학을 졸업하는 인원수가 어림잡아 1년에 30만 명 조금 넘는 수준이니 숫자로만 본다면 3년치 졸업생에 해당하는 규모이다. 중국에서 일할 때 가질 수 있는 장점 중 하나로 또 다른 해외 진출의 기회를 꼽을 수 있다. 많은 다국적 기업들은 베이징이나 상하이, 홍콩 같은 중국 주요 도시에 아시아 태평양 지역본부를 두고 있다. 중국에서 외국인으로 일하다 보면 자연스럽게 외국인 커뮤니티와 교류하게 된다. 회사를 통해서 또는 외국인 커뮤니티를 통해서 얻게 된 네트워크와 정보를 활용하다 보면 더 넓은 세계로 진출할 기회를 가질 수 있다. 한국이라는 울타리를 벗어나 중국을 디딤돌 삼고 전 세계로 과감하게 도전해 보는 건 어떨까?

비슷하면서도 다른 중국의 회식 문화

한국의 대표적인 회사 문화 중 하나가 '회식'이 아닐까? 평소 쌓였던 스트레스를 풀 기회이기도 하고, 동료 선후배에게 평소 말 못 했던 이야기들도 술의 힘을 빌려 터놓을 수 있는 자리인 데다가 더욱이, 회식비도 회사 비용으로 처리하니 얼마나 좋은가? 예전에는 회식을 꽤 좋아해서 '오늘 기분도 좋은데 한번 달릴까?'라는 제안을 들으면 밤새 술 마시며 노래 부르기를 마다 하지 않았다. 그러나, 전날 무리하게 마시면 다음 날 업무에 지장이 생기는 일이 잦아지면서 술자리를 점점 멀리하게 되었다. 더욱이, 40대 중반에 들어서 중년 남성들의 대표적인 생활병이라 할 만한 고혈압, 지방간, 통풍이 발생한 이후로는 회식이 부담스럽기만 하다. 하지만, 중국에서 일하면서 힘들고 외로울 때면 종종 광란의 한국식 회식이 그리워질 때가 있다.

중국인들도 회식을 좋아한다. 중국 회사의 예산에는 한국 회사와 비슷하게 일정 부분의 회식비가 회의비(会务费) 또는 접대비(招待费) 명목으로 반영되어 있다. 다만, 회사의 비용으로 처리되는 회식은 연말 송년식이나 신년 시무식 등 비교적 큰 행사에 해당되고, 대여섯 명 수준의 소규모 회식은 팀장이나 그날의 주인공이 내는 것이 보통이다. 어느 식당으로 할지, 어떤 종류의 음식으로 할지도 팀장이나 주인공의 선택에 달렸다. 중국인들은 큰 그릇에 요리를 듬뿍 담아 식탁에 올려놓고 여러 사람이 함께 먹으며 여러 가지 장식용 재료들도 요리에 함께 올라오기 때문에 종종 차려진 음식을 다 먹지 못하고 버리는 경우가 있다. 과거에는 이렇게 음식을 남기는 것을 일종의 예의로 여겼는데, 손님이 배가 불러 더 이상 못 먹을 정도로 푸짐하게 대접 받았다는 의미라고 한다. 어떤 귀한 요리가 나오는지, 몇 가지 요리가 나오는가에 따라 그날 회식 주인공의 지위와 성의를 알 수 있다. 그러나 근래에 와서는 점차 바뀌고 있어서 회식이 끝나고 먹다 남은 음식들을 버리지 않고 포장해서 집으로 가져가곤 한다. 이를 '따바오(打包)'라 한다.

회식 분위기 역시 한국의 분위기와 크게 다르지 않다. 회사의 회식이라면 테이블 가장 안쪽 가운데에 부서장 또는 그날의 주인공을 앉게 한 다음 일종의 개회사를 부탁한다. 간단하게 회식의 배경과 흥을 돋울 만한 이야기로 분위기를 띄우고 나면 전원이 '깐뻬이(干杯)'를 외치며 술잔을 비운다. 이후부터는 자유로운 분위기에서 평소 사무실에서는 잘 하지 않았던 속내를 터놓기도 하고, 개인적인 이야기를 나누기도 한다. 음식이나 술을 권하는 문화도 비슷한데, 이를 상대방에 대한 예의로 생각하기 때문이다. 중국에도 주당들이 있어서 술자리를 주도하기는 하지만 강권하지는 않는다. 본인의 주량을 생각하여 적당한 시점에 술을 거절해도 크게 개의치 않는다. 물론 중국 주당들에게 한국식의 폭탄주와 회오리주 같은 한국의 술 문화를 소개한다면 분명 환영 받을 것이다. 이들 사이에서도 밤새 몇 병을 마시고 어떻게 되었다는 술과 관련된 전설 같은 이야기들이 있지만, 요즘은 거의 사라진 듯하다.

술자리를 마친 이후 대개는 집으로 돌아가지만, 종종 KTV라 불리는 일종의 노래방으로 2차가 이어지기도 한다. 중국 직원들과 같이 KTV를 가서 보면 중국인들도 한국인 못지않게 노래 부르기를 좋아하는 듯하다. 어떤 경우에는 술자리보다 더 길어지기도 한다.

한 해를 마무리하는 연말이나 한국의 설과 같은 중국의 춘절에는 좀 더 큰 규모의 행사가 열리는데 중소기업이라면 회사 전체 규모가 될 수 있겠고 대기업이라면 본부 단위의 임직원 전체가 대규모로 참석한다. 보통은 호텔의 대형 연회장이나 회사 강당에서 실시하며 초저녁부터 시작해서 거의 자정까지 진행된다. 일 년 동안 회사(또는 본부)의 성과를 보여주는 영상물 시청, 사장의 격려사, 우수사원 표창 등을 보고 있노라면 한국 회사의 종무식과 비슷한 분위기이다. 다소 딱딱한 분위기의 전반부 행사가 끝나면 이후에는 푸짐한 먹거리와 술이 제공되면서 분위기가 반전되어 왁자지껄한 마을잔치 같다. 팀 단위의 장기 자랑이 이어지면서 그동안 숨겨져 있던 직원들의 끼가 발산되는데 아이돌 같은 모습으로 노래를 하거나 우스꽝스러운 분장을 하고 만담을 하는 등 영락없는 학예회 분위기이다. 외국인 직원들도 반강제적(?)으로 각국을 대표할 만한 퍼포먼스를 해야 하는데 안 되는 몸을 가지고 '강남스타일' 춤을 추고 있노라면 쑥스럽기도 하고 당황스럽기도 하지만 그런 것도 나름대로 중국 생활의 묘미라고 생각한다. 유치하게 느껴질 수도 있지만 직원 모두가 모여 같이 마시고 같이 즐기고 게다가 회사에서 나누어준 선물(대개 중국 전통 과자나 견과류 세트)을 손에 들고 집으로 돌아오다 보면 평소 잊고 있던 소속감이나 동료의식을 느끼게 되면서 마음이 푸근해지곤 한다.

중국식 회식 관련하여 한국인 관점에서 특이한 점들을 몇 가지 언급하자면, 중국 사람들은 찬물, 찬 음식이 장에 좋지 않다고 생각하기 때문에 더운 여름에도 뜨거운 물을 마신다. 심지어 맥주를 마실 때도 찬 것을 싫어한다. 그래서 중국 식당에서 맥주를 주문할 때면 종업원이 상온(常溫, 미지근한 것)을 원하는지 빙(氷, 찬 것)을 원하는지 묻곤 한다. 땀을 흘린 뒤 마시는 차가운 맥주의 그 환상적인 맛을 도대체 어떻게 모를 수 있단 말인가? 추운 겨울에도 냉수를 마시는 한국인과는 매우 상반되는 모습이다.

또한, 중국 사람들은 날 음식을 거의 먹지 않는다. 중국 전통에 따르면 날 음식은 위생적이지 못할 뿐만 아니라 위와 장에 좋지 않다고 한다. 아직 중국 농촌에서는 분뇨를 이용한 재래식 경작이 많은 것도 이유이다. 그래서 육류나 해산물은 물론이고 한국인들이 즐겨 먹는 각종 신선한 채소도 모두 기름에 볶거나 찌거나 데쳐서 먹는다. 중국인들도 점점 서구 문화의 영향을 받아 신선한 채소와 과일들, 일본식 회 요리 등이 점차 퍼지고 있긴 하지만 아직은 중국 전통 방식이 더 많은 듯하다.

외국인 커뮤니티 적절히 활용하기

90만 명이 넘는 외국인이 중국에서 일한다고 하는 통계에서 볼 수 있듯이 웬만한 규모의 중국 회사라면 외국인 직원을 어렵지 않게 찾을 수 있다. 내가 근무하는 지리자동차에서도 꽤 많은 수의 외국인 전문가들이 근무하고 있다. 담당부서에 문의해 보니 시기에 따라 변동이 있지만 약 400여 명의 외국인 직원이 있다고 한다. 스웨덴의 볼보 자동차, 영국의 로터스 자동차, 말레이시아의 프로톤 자동차 등 여러 해외 자회사를 보유하고 있어서 다른 중국 업체들에 비해 외국인 직원이 많은 편이다. 가장 많은 수의 외국인은 한국인으로 약 80명 정도이며 다음으로 미국 40여 명, 러시아, 스웨덴, 일본 직원이 각각 30여 명 등 약 20여 개 국가에서 온 다양한 외국인들이 함께 근무하고 있다. 외국인 직원과 중국 직원 간 원활한 업무협조를 위하여 HR부서에서는 다문화 적응 프로그램을 운영하고 있다. 자국민 고용에 비해 더 많은 비용을 지불하며 외국인 전문가들을 채용하는 근본적인 이유는 그들을 통해서 중국 회사가 갖추지 못한 부분을 빨리 습득하기 위함이다. 최소 15년 이상 글로벌 자동차 회사에서 근무한 외국인 전문가들과 경험은 부족하나 높은 목표의식과 도전 정신을 가진 중국 직원들이 함께 일하면서 자신들의 기술과 경험을 공유하게 된다. 정도의 차이가 있지만 해외 사업을 하거나 기술 도입을 원하는 중국의 다른 기업들도 상황은 비슷한 것으로 알려져 있다.

중국에서 일한다는 것에 만족하지만 한국에서 일하는 것보다 더 많은 장애물이 있다는 것 또한 사실이다. 문화 차이에서 오는 어려움, 언어 장벽으로 인한 어려움, 현지 정보 부족으로 인한 어려움 등 고국에서라면 겪지 않거나 쉽게 해결할 만한 문제들로 골치 아플 때가 한두 번이 아니다. 이럴 때 같은 회사에 말이 통하는 한국인 동료가 있다면 무척이나 든든하다. 그것도 아니라면 타향살이의 어려움과 고독함을 함께 이야기할 수 있는 외국인 동료도 좋다. 외국인 커뮤니티를 통해 일상 생활에서 느끼는 타향살이의 어려움

뿐만 아니라 회사의 공식적인 또는 비공식적인 정보를 교환할 수 있다. 사실 기업의 핵심적인 내용을 파악하려면 재무, 회계, 인사 분야의 정보를 놓치지 말아야 하며 특히 중국에서는 해당 기업과 중앙/지방 정부와의 관계를 잘 알아야 한다. 하지만 재무, 인사, 대관 같은 주요 부서는 거의 대부분 중국인 직원으로 구성되어 있고, 그 안에서도 이너 서클이 있어 자기들끼리만 핵심 정보를 공유한다. 외국인 직원들은 상품기획, 연구개발, 생산기술 등 주로 기술 분야에서 근무하는 것이 일반적이라 이 부분에 대한 접근이 거의 불가능하다고 할 수 있다. 우리 속담에 '과부 마음은 홀아비가 안다'라는 말이 있듯이 외국인 직원들과 커뮤니티를 형성하여 각자가 가지고 있는 깨알 같은 정보와 시행착오 경험을 공유하는 것은 중국 생활의 여러 어려움을 극복하는 데 도움이 된다. 이 같은 외국인 커뮤니티 활동은 중국 인력 시장 정보를 파악하는데도 도움이 된다.

　중국 회사에서 일하는 외국인은 1년 또는 2, 3년 계약으로 일하는 계약직 신분이다. 이런 이유로 항상 실적 압박에 시달린다. 실적이 좋지 않으면 다음 시즌을 보장할 수 없는, 비유를 하자면 한국 프로야구 리그에서 뛰는 외국인 선수들과 비슷한 상황이라 할 수 있다. 프로 야구나 프로 축구 팬들은 알고 있듯이 한국 리그에서 뛰던 외국인 선수가 메이저 리그나 프리미엄 리그로 이적하는 경우가 있다. 그들과 같이 일하는 동안 좋은 관계를 유지했다면 활동 무대를 옮긴 이후에라도 서로 정보를 공유하며 도움을 줄 수 있는 것이다. 현재 근무하고 있는 회사뿐만이 아니라 전체 외국인 인력 시장 상황, 경쟁사나 관련 업계 동향 등을 꾸준히 파악하면서 언제 있을지 모를 이직에 대비해야 한다. 이는 현재 근무하고 있는 회사 일을 소홀히 하라는 말이 아니다. 오히려 더 열심히 하여 평소에 함께 근무하는 다른 동료들에게 유능한 선수(직원)라는 인식을 심어 주어야 한다.

외국인 직원들과 소통하다 보면 중국뿐만이 아니라 다른 나라의 경제 상황이나 향후 전망에 대해서도 안목을 가질 수 있는 장점이 있다. 아울러, 그들과 의견을 나누다 보면 다양한 시각에서 상황을 파악하게 되고 이는 업무 효율 향상뿐만이 아니라 세상을 보는 프레임을 한 단계 발전시키는 계기가 된다.

외국인 직원들과 교류할 때 몇 가지 주의할 점이 있다. 먼저, 중국 정부나 정치에 대한 부정적인 언급은 절대 삼가야 한다. 각 나라들은 저마다 독특한 정치·사회 제도를 가지고 있으며 아시다시피 중국은 공산당 1당이 지배하는 사회주의 국가이다. 비록 경제 분야에는 자본주의의 모습을 하고 있지만 정치·사회 분야에서는 정부가 철저히 통제하고 있다. 중국에서는 구글 검색이나 페이스북, 트위터 같은 SNS가 차단되어 있다. 한국의 카카오톡이나 네이버 밴드, 다음 블로그도 역시 차단되어 있다.

인터넷 차단

마이크로소프트에서 운영하는 검색엔진인 Bing.com이 유일하게 가능했었는데 최근 들어서는 그나마도 자주 차단되는 것 같다. 대신, 중국의 구글이라 할 수 있는 바이두(百度)나 중국판 카톡이라 할 수 있는 위챗(微信)을 사용하는데 모두 정부의 통제하에 있어서 얼마든지 감시, 차단이 가능하다고 한다. 외국인이라는 이유로 이런 감시의 대상에서 예외가 되는 것은 아니다. 오히려, 더 관심의 대상이 될 수 있으니 중국에서 일하는 동안은 중국에 대한 비판을 삼가야 한다. 이를 두고 중국이 옳다 또는 잘못되었다라고 생각하는 것은 각자의 가치관에 달려 있고 개인의 판단은 존중 받아야 한다. 다만, 이 책은 중국의 생활 환경, 업무 환경을 있는 그대로 인정하는 데에 기반을 두고 있다. 물고기가 물이 싫다고 뛰쳐나가면 생존할 수 없듯이 중국의 이 같은 환경이 싫다면 중국에서 일하기는 어렵다. 답답하기는 하지만 중국에서 일하는 조건으로 지불하는 비용이라고 생각하는 것이 마음 편하다.

회사에서도 마찬가지이다. 중국 회사의 운영 방식이나 정책은 글로벌 스탠다드와 다를 수 있다. 이전 회사에서 익숙하던 발전된 프로세스와 안정된 업무환경을 현재 일하는 중국 회사와 비교하며 비판적인 의견을 퍼트리는 것은 어렵게 잡은 중국 취업 기회를 스스로 차버리는 현명하지 못한 짓이다. 다른 외국인 직원도 이런 문제를 알고 있다. 다만, 언급을 안 할 뿐이다.

같은 맥락에서, 지나친 외국인 단체 활동은 바람직하지 않다. 회사에 같이 근무하는 한국인 동료가 있다 하여 매번 한국인들끼리만 모여서 활동한다면 분명히 주변의 주목을 받을 것이다. 한국 문화의 특징 중 하나가 '정'을 중요시한다는 점인데 이것이 잘못 발현되면 '패거리' 문화로 변질될 수 있다. 심한 경우, 외국에서 생활하는 한국인들 내부에서마저 학연, 지연으로 갈리기도 한다. 중국 어느 지역 한인 회장 선거를 놓고 어느 파와 어느 파가 싸웠다는 소식을 들을 때면 안에서 새는 바가지는 밖에서도 새는구나 라는 속담이 떠오른다. 경쟁이 치열한 한국 사회에서 자란 탓인지, 같은 중국 회사에 근무하는 한국인 직원끼리 경쟁하여 오히려 중국 직원과 협력하는 것보다 어려운 경우도 있다. 한국인 직원 간에 협력하여 회사에 기여하고 본인들의 성과도 높여서, 궁극적으로는 한국인들의 파이를 더 키우는 것이 올바른 방향일 것이다. 하지만, 한국인들의 취업 기회를 제한되어 있는 것으로 해석한 나머지 같이 일하는 한국인 동료를 경쟁자로만 생각하는 경우도 있다. 얼마나 큰 이득이 있길래 중국에 나와서까지 같은 국민끼리 다투는지 참으로 안타깝다. 성공적인 중국 직장 생활을 위해서 외국인 커뮤니티를 적절히 활용하는 것은 좋다. 그러나 균형을 잃어 회사에서 지나치게 우리들만의 활동을 하는 것은 그리 바람직하지 않다는 것을 명심해야 한다.

말과 행동은 조심 또 조심하기

안타깝지만 중국에서 생활하려면 한국에서 당연히 누렸던 것들 중 일부는 포기해야 한다. 인터넷 검색이 제한될 때도 있고 해외 기반 SNS도 차단되어 있다. 또한 앞서 설명했듯이, 중국에 있는 동안 중국 정치나 사회제도에 대한 비판을 삼가야 한다. 이외에도 중국 직장생활에서 주의할 점이 몇 가지 더 있다.

중국 회사에서는 중국어가 서툰 외국인 직원을 위해 통역 직원을 배치하는 경우가 있다. 직급이 높은 외국인 직원의 경우 별도의 통역이 배정되어 개인 비서 역할을 하는가 하면 일반 직원의 경우 팀별로 한 명을 배정하여 여러 명의 외국인 직원을 지원하기도 한다. 중국어를 못하는 외국인 직원 입장에서는 통역이 그렇게 고마울 수가 없다. 통역이 단순히 중국어 번역뿐만이 아니라 회사의 업무를 파악하는데도 도움을 주고 애로사항을 회사 측에 전달해주는 역할을 하기 때문이다. 뿐만 아니라 집 구하기, 은행 계좌 개설하기, 병원 치료 받기, 인터넷 사용하기 등 회사 업무 외의 개인적인 일도 통역의 도움을 받을 때가 많다. 그렇게 도움을 주고받다 보면 통역 직원이 다른 직원에 비해 더 신뢰가 가고 예쁘게 보일 수 있다. 인간의 감정상 당연한 반응이지만, 개인적인 친분과 회사의 공적인 관계는 잘 구분해야 한다. 통역을 너무 믿은 나머지 자신의 속마음을 터놓거나 개인적인 일을 부탁해서는 안 된다. 친한 통역 직원과 술 한 잔 하면서 무심코 던진 중국 정부 비판이나 회사 상사에 대한 뒷담화는 모두 회사에 보고된다고 보면 된다. 통역 직원이 당신을 좋아하거나 싫어해서가 아니라 회사가 통역 직원에게 부여한 업무 중의 하나가 외국인 직원에 대한 동향 보고이기 때문이다. 또한, 통역 직원이 인사 고과나 연봉 조정 과정에서도 통역을 해야 할 때가 있고, 초기 중국 생활 정착 과정에서 집 계약, 은행 거래, 병원 치료 등 당신의 개인적인 문제에도 깊이 관여할 여지가 많기 때문에 어찌 보면 당신의 약점을 가장 많이 알고 있는 중국인 직원이라고도 할 수 있다.

다행히 나는 통역 직원과 큰 문제없이 지낼 수 있었지만 다른 한국인 직원의 경우 통역 직원과 관련하여 큰 낭패를 본 사례가 있었다. 조직관리 차원에서도 통역 직원과 관련한 문제가 생길 수 있다. 나에게 도움을 준다는 이유로 고과 점수를 더 준다거나 특혜를 준다면 다른 중국 직원들의 반발을 일으키게 되고 결국엔 전체 팀워크를 와해시키게 된다. 또한 통역 업무의 특성상 젊은 직원이 많고 남성보다는 여성의 비율이 상대적으로 높다. 반대로, 중국 회사에서 일하는 외국인의 경우 중년 남성의 비율이 매우 높다. 어떤 뜻인지 쉽게 이해할 수 있을 것이다. 회사에서도 통역을 배정할 때 별도의 교육을 한다고 하는데 개인 차원에서도 오해를 살만한 일은 철저히 삼가는 것이 좋다.

당연한 이야기지만 중국에서 일할 때는 중국의 법규를 잘 지켜야 한다. 이는 한국에서 생활할 때도 마찬가지이나 중국에서는 더욱 그렇다. 살인, 강간 같은 중대 범죄는 말할 필요도 없고 마약과 관련한 범죄는 그 무게가 훨씬 중하다. 혹자는 이렇게 말할지도 모르겠다. 한국에 와있는 중국인들이 무단횡단하고 아무데서나 담배를 피우고 침 뱉는걸 보면 중국에서 경범죄는 처벌이 없는 것 아니냐고. 중국에서 일하는 한국인이 중범죄를 저지를 가능성은 거의 없다고 보았을 때 단순한 경범죄는 문제 될 것이 없는 것 아니냐고. 물론 그런 면이 없는 것은 아니다. 하지만 중국에서는 집중 단속하는 일이 있어서 이때 시범케이스로 걸리면 아무리 경범죄라도 큰 낭패를 볼 수 있다. 아시다시피 중국에서는 어떤 사업을 하든지 정부와의 관계가 중요하다. 회사를 운영하는 사업가들은 관공서와 좋은 관계를 유지하기 위해 최선을 다하며 관공서와 관련해서는 사소한 문제라도 본능적으로 싫어한다. 만

약, 회사의 직원이, 그것도 외국인 직원이 문제를 일으켜서 관공서로부터 연락이 온다면 어떻게 나올 것 같은가? 십중팔구는 외국인 직원을 벌할 것이다. 관공서에 대한 회사의 체면을 구긴 데다가 해당 직원에 대해 벌을 주었다는 메시지를 관공서에 보여주어야 하기 때문이다.

중국 법규 중에서도 종교에 대한 내용을 특히 강조하고 싶다. 한국에서 생각하는 정서와 큰 차이가 있기 때문이다. 중국에서도 당연히 종교의 자유를 보장하고 있다. '중화인민공화국 국경 내 외국인 종교 활동 관리 규정'을 요약하자면 아래와 같다.

제1조	중국 내 외국인의 종교 자유를 보장하기 위해 헌법에 따라 본 규정을 제정
제2조	외국인의 종교 자유를 존중하며 중국 종교계와 교류를 인정
제3조	외국인이 중국 내 종교 활동 장소에서 종교 활동에 참여할 수 있으며 중국 종교 단체의 초청을 거친 후 중국 종교 활동 장소에서 설교할 수 있음
제4조	외국인은 현(縣)급 이상 인민정부 종교 사무부서의 허가를 득한 장소에서 외국인들이 참가하는 종교 활동을 거행할 수 있음.
제5조	외국인은 중국 내에서 중국 종교 교직자를 초청하여 종교의식을 거행할 수 있음.
제6조	외국인은 중국 입국 시 본인의 종교 용품을 휴대할 수 있으나 중국의 공공이익을 해치는 내용이 있는 종교 용품은 반입 금지.
제7조	외국인이 중국 내에서 종교 교직자를 육성하고자 할 경우 관련 규정에 따라야 함.
제8조	외국인이 중국 내에서 종교 활동을 할 경우 중국의 관련 법률을 준수

해야 하며 중국인들 대상으로 선교 활동 불허.

제9조   외국인이 본 규정 위배 시 관련 법에 따라 처벌함. (이하 생략)

요약하자면 외국인 본인의 종교 자유는 보장하지만 정해진 장소에서만 종교 활동을 할 수 있으며 중국인들 대상으로 선교활동은 금지한다는 것이다. 2018년부터는 중국 내 종교단체 및 종교 활동에 대한 요건이 더욱 엄격해졌으며 특히 중요한 국내외 행사가 있을 경우 단속이 강화되는데 이때 문제가 적발되면 강제 추방까지 각오해야 한다. 한국의 특정 종교 중 일부에서는 해외 선교를 매우 중요시하여 중국에서도 현행법과 상관없이 선교활동을 하는 경우가 있는데 이로 인해 한국인 다수가 추방되거나 형사 처벌을 받기도 한다. 직접 목격한 사건도 있다. 한 한국인 직원이 평소 알던 한국인 목사를 주말에 집으로 초청하여 현지 중국인들을 대상으로 설교를 했는데 외국인 집에 많은 수의 현지인이 모이는 것을 수상하게 여긴 아파트 관리인에 의해 신고를 당했다. 당시에는 G20 국제 행사를 앞두고 있을 때라 공안 부서의 감시가 강화되었을 시기였다. 즉시 공안이 출동하여 모임은 해산되었고 회사의 인사부서장이 당일로 공안에 호출되었다. 해당 직원은 일주일 만에 퇴사 처리되었고 중국에 함께 체류했던 가족들까지 모두 한국으로 돌아갈 수밖에 없었다. 이로 인한 결과는 같이 근무하던 한국인 동료들에게도 영향을 끼쳤는데 해당 직원의 관리자는 관리 소홀로 문책을 받았고 나머지 한국인 직원 모두 공안에서 실시하는 정신 교육에 참석해야만 했다. 종교에 대한 개인 신념에 의한 행동이었지만 본인은 중국에서 직장을 잃고 가족은 함께 추방되었으며 함께 근무했던 동료 직원들도 불편함을 겪게 되는 결과에 이르게 된 것이다.

또 한 가지를 언급하자면 혼자 생활하면서 빠지기 쉬운 유혹에 대한 것이다. 고국을 떠나서 일하다 보면 외로움을 많이 느끼게 된다. 특히, 배우자와 자녀를 한국에 두고 홀로 중국에서 일하는 경우라면 더욱 그렇다. 이런 외로움을 적절히 해소할 수 있는 방법으로 운동이나 건강한 취미활동이 바람직한데 그렇지 못할 경우에는 여러 가지 유혹에 빠지기 십상이다. 술은 가장 쉽게 빠지는 유혹이다. 외로워서 한 잔, 업무 스트레스로 한 잔, 중국어로 소통하기 힘들어서 한 잔, 피곤해서 한 잔씩 하다 보면 자신도 모르는 사이에 술에 중독되다시피 한다. 중국에서는 먹고 마시는 것들이 한국에 비해 저렴한데 술도 무척이나 싸다. 중국산 맥주는 한 병에 3~4RMB(한화 500~700원) 정도이고 소주보다 더 독한 백주들도 2,000원 정도에 살 수 있는 것들이 수두룩하다. 직장 동료나 한국 교민들과 가끔씩 마시는 정도라면 모를까 지나친 음주는 본인의 건강에도 좋지 않을 뿐더러 음주로 인한 실수로 이어지게 된다.

한동안 한국 언론에서 기러기 아빠·엄마와 관련한 안타까운 보도를 볼 수 있었다. 부부가 멀리 떨어져있다 보니 몸도 마음도 서서히 멀어지다가 결국에는 파경을 맞게 되는 이야기인데 중국에서 홀로 일하는 기혼자의 경우에는 결코 강 건너 불구경만의 일은 아니다. 마음에 맞는 파트너와 동거하는 일은 중국에서 흔한데 나름의 환경적 요인이 있다. 중국은 땅이 넓고 많은 중국인들이 고향을 떠나 대도시에서 일하고 있으며 대도시에서의 생활비는 매우 높다. 많은 책임이 따르는 동시에 비용도 많이 드는 결혼에 비해서 동거는 쉽고, 비용이 적게 든다. 돈과 관련한 문제에 있어서는 매우 실용적인 중국인은 동거를 특별히 문제될 것이 없다고 생각한다. 만약, 한국 드라마를 즐겨보면서, 한국에 대해 호감을 가지고 있고, 생활비를 아끼고 싶어 하는 중국인이 있고 그 주변에 한국인 동료—풍부한 해외경험이 있고, 지적이고 유머 있으며, 세련된 매너에 돈도 많을 것 같아 보이는—가 있다면 그 중국인은 분명히 당신에게 관심을 가질 것이다. 평소 업무를 통해 서로 나쁘지 않은 인상을 가지고 있는 상태에서 혹시라도 당신이 낯선 중국 생활에 힘들고 외로워하는 모습을 보이기라도 하면 측은지심이 드는 것은 자연스러운 감정이다. 이후부터 당신의 어떻게 행동하느냐에 따라 로맨틱 드라마가 될 수도, 막장 불륜 드라마가 될 수도, 아니면 특별할 것 없는 평범한 직장생활이 될 수 있다. 중요한 것은 중국에서 일하기로 결심할 때의 초심을 잃지 않는 것이다. 한국을 떠나 더 넓은 세상을 경험하고 싶은 미혼이라면 중국에서의 로맨스를 얼마든지 즐겨도 좋을 것이다. 하지만, 지켜야 할 가정을 위해 일하고 있다면 스스로를 잘 챙겨야 한다. 중국에서는 보는 눈이 많다. 인구가 많아서 그렇고, 중국 정부의 감시가 있어서 그렇고, 외국인이라 주목을 더 받기 때문에 그렇다. 더욱 철저한 자기관리가 당신의 중국 생활을 더 오래, 더 건강하게 만들어 줄 것이다.

퇴사를 준비하는 올바른 자세

한국에서 직업과 관련하여 중요한 문제를 꼽는다면 실업 문제가 첫 번째, 그 다음이 계약직 고용 문제가 아닐까 한다. 계약직 직원은 정규직 직원과 같은 일을 하더라도 급여, 복리후생 등에서 차별을 받을 뿐 아니라 눈에 보이지 않는 차별로 인해 자존감에 상처를 받기 쉽다. 사실, 중국 회사의 직원 고용은 기본적으로 모두 계약직 형태라 말할 수 있다. 왜냐하면 신입 사원이나 경력 사원 할 것 없이 회사에 처음 입사할 때 고용 계약서를 작성하는데 대부분 3년 미만으로 계약 기간이 정해져 있기 때문이다. 외국인 직원일 경우 1년 단위의 계약도 있는데 수습기간(보통은 3개월, 길게는 6개월)을 제외하면 채 1년도 안 되는 경우도 있다. 다만, 재계약 비율이 높은 편이라 한국의 계약직 문제 같은 부작용이 두드러져 보이지 않을 뿐이다.

계약기간이 도래하면 인사부서에서는 해당 직원 관리자 및 본인에게 평가 및 계약 연장 여부를 확인한다. 이 과정에서 계약기간 중 해당 직원이 수행한 업무 및 이에 대한 평가가 이루어지는데 관리자, 직원 어느 한쪽이라도 재계약에 동의하지 않으면 더 이상의 계약 연장 없이 고용계약이 종료된다. 고용계약서상의 '계약변경, 해지, 종료 및 연장(合同的变更, 解除, 终止和续订)' 조항에는 계약 연장 시 직원에 대한 최소한의 보호가 언급되어 있는데 중국 노동법에 따르면 아래 이유로는 근로 계약을 해지할 수 없다고 한다.

── 직원이 근무 중 직업병을 앓거나 산재를 당하여 노동력의 전부 또는 일부를 상실한 경우

—— 직업병 위협이 의심되는 작업에 종사한 직원이 이직 전 건강검진을 마치지 않았거나, 직업병 소견이 있어서 의료기관의 관찰 중에 있을 경우

—— 여직원의 임신, 출산, 보육 기간인 경우

—— 동일 회사에 연속 15년 이상 근무한 직원에 한하여, 법정 퇴직 연령까지 남은 기간이 5년 미만인 경우

—— 법률에서 규정한 기타 경우

계약 기간 만료 이전이라도 회사는 계약을 즉시 해지할 수 있는데 그 조건은 다음과 같다.

—— 수습기간 통과에 불합격인 경우

—— 고용계약 체결 관련 사기, 속임수가 있는 경우

—— 근무 기간 중 회사의 규정을 심각하게 위반하거나 회사의 이익에 중대한 손실을 끼쳤을 경우

—— 현지 법률 위반으로 형사적 책임이 있을 경우

또한, 아래의 사유가 있을 경우 회사는 조건부로 계약하지 할 수 있는데 그 조건은 회사의 내규에 따라 다르다. (예, 계약 해지일 30일 이전에 서면 통지, 1개월치의 급여를 별도로 지급 등)

—— 산재가 아닌 개인적인 지병으로 인하여 규정된 치료 기간 이후에도 정해진 업무를

수행할 수 없는 경우

—— 계약서에 명시된 업무를 감당하지 못하며 교육이나 업무 조정을 거친 후에도 여전히
업무를 감당할 수 없는 경우

—— 회사 경영상 중대한 변화가 발생하였을 경우

반대로, 직원의 요구로 계약을 해지할 수 있는데 그 요건은 아래와 같다.

—— 회사가 계약서에 명시한 작업 보호 또는 근무 조건을 제공하지 않을 경우

—— 회사가 정해진 보수를 제때에 지불하지 않을 경우

—— 회사가 직원의 사회보험을 납부하지 않을 경우

—— 회사가 법률에 정해진 직원의 권리에 해를 가하는 경우

—— 회사가 사기, 강요, 협박을 통해 직원의 의사에 반해 계약을 체결하거나 연장할 경우

사실, 규정을 살펴보면 알 수 있듯이 계약 해지 조건은 회사 측에 유리할
수 있는 해석의 여지가 많다. 회사와 체결한 노동계약서상의 계약기간을 다
채우지 못하고 퇴사하는 경우를 적지 않게 보며 언제나 그렇듯이 규정과 현
실 사이의 불일치를 목격하였다.

외국인 직원이라 해서 중국 직원에 비해 더 차별을 받는 일은 없지만 전
문가로 채용된 외국인 직원의 직급이 상대적으로 높고 급여도 현지 직원에
비해 높기 때문에 더 많은 성과가 요구되며 이에 미치지 못할 경우에는 계

약 해지 압박이 있다. 개인보다는 조직을 보호하는 것은 전 세계 어디서나 마찬가지라, 이럴 경우 회사에서는 직접 해지를 요구하기보다는 직원 스스로 사직서를 내도록 유도한다. 안 그래도 언어, 음식, 업무 환경 등 모든 면에서 쉽지 않은 중국 생활이었는데 회사의 압박, 권유가 있게 되면 대부분은 견디지 못하고 회사 측과 원만한 해결책을 찾게 된다. 중국 회사에서 일하는 한국인 직원들은 대부분 나름대로 산전수전 겪은 경력자들이다. 현재 근무하는 중국 회사가 어쩌면 마지막이 될지 모른다 생각하고 저녁 늦은 시간까지 일하고 주말 근무도 마다하지 않는다. 참고로 중국에서도 주 5일 근무가 보편화되었지만, 아직 주 6일 근무 또는 격주 5일 근무하는 직장도 적지 않다. 이런 환경에서 열심히 일했음에도 불구하고 재계약이 안 되거나 중간에 계약 해지 통보를 받는다면 심한 배신감을 느끼게 된다. 그렇다 하더라도 자신을 잘 추스르고 다음 단계를 준비하는 것이 현명하다.

앞서 설명한 바와 같이 중국 직장인들은 이직을 많이 하는 편이다. 물론, 회사로부터 예상치 못한 계약 해지 제안을 받게 되는 것이 반가운 일은 아니지만 이직을 통한 경력 관리 및 연봉 향상이 상식인 중국에서는, 한국의 경우처럼 절망하거나 회사를 미워하거나 하지 않는다. 대신, 인사부서와 유리한 퇴직 조건을 협상하고 전, 현직 동료들에게 이직 추천을 부탁하는 것이 일반적이다. 매우 실리적인 중국 문화의 일면을 볼 수 있는 대목이다. 중국 회사에서 퇴사하는 한국인 직원들도 이런 점을 이해하고 잘 활용하는 것이 필요하다. 근무하는 동안 이루었던 업무 실적과 참여했던 프로젝트의 성과를 잘 정리해 놓고, 같이 일했던 동료, 거래처에 그 동안의 협조에 고마움을 표시하는 한편, 좋아하건, 싫어하건, 원망하건 상관없이 상사에게 정중한 감사의 인사를 하는 것이 좋다. 가능하다면 추천서까지 부탁하는 것이 좋다. 이유는 간단하다. 중국 사회에서는 관계를 뜻하는 '꽌시(关系)'가 매우 중요할뿐더러 다른 회사로 이직할 때에도 Reference check라고 하여 이전 직장 상사나 동료들의 평가가 매우 중요하게 고려되기 때문이다. 군대에서 소원수리 하듯이 조직의 문제나 상사에 대한 불만을 다 털어놓고 나왔다면 속은 시원하겠지만 나중에 그들의 도움이 필요할 때 참으로 난처한 상황이 된다.

세상은 넓은 것 같지만 의외로 좁아서 같은 분야에서 계속 일한다면 언제, 어디선가 동료나 상사를 다시 만날 가능성이 있다. 내 밑에서 일하던 후배가 다른 회사로 이직한 후 나를 다시 찾거나, 내가 미워했던 상사가 더 높은 자리로 승진하여 다시 나를 찾을지 알 수 없는 일이다. 중국 속담에 '행백리자반구십(行百里者半九十)'이란 말이 있다. '백 리를 가려는 사람은 구십 리를 가고서야 이제 절반쯤 왔다고 여긴다'는 뜻으로 어떤 일이든지 마무리가 중요하고 어려우므로 끝마칠 때까지 열심히 노력해야 한다는 말이다. 고심 끝에 중국에 와서 일하기로 결심했는데 이렇게 퇴사하고 끝낼 것인가? 이왕 시작한 중국 직장생활이라면 본인이 만족한 결과를 얻을 때까지 긴장을 늦추지 말고 꾸준히 노력하며, 퇴사마저도 다음 전진을 위한 기회로 활용하는 모습이 바람직하다.

TIP 2

중국 회사는 연봉이 낮을까?

○ ○ ○

    한국 회사에서 일하든, 중국 회사에서 일하든 상관없이 직장인이라면 연봉을 가장 궁금해하지 않을까? 국세청이 발표한 '국세통계연보'의 가장 최근 자료에 따르면 2017년 근로소득세 연말정산을 신고한 직장인 1,801만 명의 평균 급여액은 3,519만 원이다. 1억 원이 넘는 연봉을 받은 근로자는 71만 9,000명으로 집계되었고 이는 전체 직장인의 4% 수준이다. 연봉으로 1억을 받는다면 상위 4% 안에 드는 고액 연봉자라니, 이 안에 들 수 있다면 얼마나 좋을까 하고 나머지 96% 직장인들은 생각할 것이다.

    그렇다면 중국 회사원들의 급여는 어떤 수준일까? 이 분야의 전문가가 아니기 때문에 자세히 알기는 어렵지만 2년 전 중국 헤드헌터를 통해서 알게 된 중국 자동차업계의 연봉 수준은 아래와 같다.

– 완성차 제조업체(整车制造商)

직위	학력	근무 연수	연봉(RMB)	
			최소	최대
아시아태평양 지역 총경리	MBA	20년 이상	250만	450만
총경리	MBA	20년 이상	180만	300만
공장운영 팀장	학사	15년 이상	80만	150만
생산팀장 (프레스, 차체, 도장, 조립)	학사	10년 이상	40만	70만
품질 팀장	학사	10년 이상	40만	70만
제조공정 팀장	학사	10년이상	40만	70만
선임 공정원	학사	5년 이상	15만	25만
영업 임원	석사/학사	13년 이상	100만	150만
영업 팀장	학사	8년 이상	35만	65만
AS 임원	학사	15년 이상	90만	130만
AS 팀장	학사	8년 이상	35만	65만
AS 기술지원 팀장	학사	5년 이상	30만	45만
시장 임원	학사	15년 이상	90만	130만
시장 팀장	학사	8년 이상	40만	70만
AS 부품 팀장	학사	8년 이상	30만	50만
광고 팀장	학사	6년 이상	25만	50만
관공업무 팀장	학사	6년 이상	30만	60만
브랜드관리 팀장	학사	6년 이상	30만	60만
고객관리 팀장	학사	5년 이상	30만	55만
네트워크 임원	석사/학사	13년 이상	90만	150만
네트워크 계획 팀장	학사	6년 이상	30만	65만

네트워크 운영 팀장	학사	6년 이상	30만	65만
네트워크 개발 팀장	학사	5년 이상	35만	70만
연구개발 임원	박사/석사	15년이상	90만	180만
연구개발 팀장	박사/석사	10년 이상	40만	60만
프로젝트 임원	박사/석사	13년 이상	60만	100만
수석 연구원	박사/석사	10년 이상	50만	90만
플랫폼 개발 임원	박사/석사	10년 이상	60만	90만
전자전기 팀장	박사/석사	8년 이상	35만	55만
차체 개발 팀장	박사/석사	8년 이상	35만	55만
안전성능 팀장	박사/석사	8년 이상	35만	55만
협력 업체 관리 임원	박사/석사	15년 이상	90만	160만
협력 업체 관리 팀장	석사/학사	10년 이상	45만	70만
구매 임원	학사	15년 이상	85만	200만
구매 팀장	학사	5년 이상	40만	80만
물류 임원	학사	10년 이상	65만	100만
물류 팀장	학사	5년 이상	25만	50만
인증 임원	석사/학사	10년 이상	50만	200만
법무 임원	석사/학사	8년 이상	90만	150만
법무 팀장	학사	5년 이상	25만	45만
정부 연락 임원	학사	15년 이상	90만	150만
정부 연락 팀장	학사	5년 이상	30만	55만

– 부품업체(零配件供应商)

직위	학력	근무 연수	연봉(RMB)	
			최소	최대
아시아태평양 지역 총경리	MBA	20년 이상	200만	350만
총경리	MBA	20년 이상	140만	250만
영업 총경리	MBA/학사	20년 이상	120만	200만
고객 담당 임원	MBA/학사	15년 이상	90만	170만
공장 총경리	MBA/학사	15년 이상	80만	150만
공장운영 임원	MBA/학사	15년 이상	70만	150만
공장운영 팀장	학사	10년 이상	50만	80만
생산 팀장	학사	8년 이상	25만	40만
품질 임원	학사	15년 이상	60만	120만
품질 팀장	학사	8년 이상	30만	50만
보수 팀장	학사	10년 이상	25만	45만
생산기술 팀장	학사	8년 이상	30만	50만
선임공정원	학사	10년 이상	15만	22만
영업 임원	석사/학사	10년 이상	90만	150만
영업 팀장	학사	8년 이상	30만	50만
부품 팀장	학사	5년 이상	25만	45만
고객 팀장	학사	5년 이상	20만	50만
AS 임원	학사	15년 이상	70만	120만
AS 팀장	학사	5년 이상	30만	45만
시장 팀장	석사/학사	8년 이상	30만	50만
홍보 팀장	학사	8년 이상	25만	45만
프로젝트 관리 임원	석사/학사	15년 이상	60만	100만
프로젝트 관리 팀장	학사	10년 이상	35만	60만

연구개발 임원	박사/석사	15년 이상	90만	120만
연구개발 팀장	박사/석사	10년 이상	30만	60만
연구개발 수석 엔지니어	박사/석사	5년 이상	15만	25만
지속 개선 임원	석사/학사	15년 이상	80만	150만
지속 개선 팀장	학사	8년 이상	35만	70만
6시그마 블랙 벨트	학사	10년 이상	50만	80만
협력 업체 관리 임원	석사/학사	15년 이상	80만	100만
협력 업체 관리 팀장	학사	10년 이상	40만	50만
구매 임원	학사	15년 이상	70만	90만
구매 팀장	학사	5년 이상	40만	50만
물류 임원	학사	10년 이상	65만	80만
물류 팀장	학사	5년 이상	25만	40만

– 영업지점(经销商门店)

직위	학력	근무 연수	연봉(RMB)	
			최소	최대
총경리	MBA/학사	15년 이상	80만	150만
영업 팀장	학사	10년 이상	40만	50만
전시장 팀장	학사	8년 이상	35만	45만
시장 팀장	학사	8년 이상	30만	35만
AS 팀장	학사	10년 이상	15만	35만
고객관리 주관	학사	5년이상	25만	35만
중고차 주관	학사	6년 이상	20만	80만
기술 주관	학사	6년 이상	15만	40만

전문가로 채용된 외국인이라면 위에 나온 금액보다는 더 받는 것으로 알고 있다. 왜냐하면 외국인 직원 채용 시 모국에서 받았던 급여 수준을 고려하여 연봉이 책정되기 때문이다. 중국 자동차 회사가 부장급 한국인 경력자를 채용할 경우 대략 세후 60~70만 RMB(한화 1억~1억 2천만 원) 정도이다. 이 정도 금액이면 많다고 할 수 있을까? 시각에 따라 많아 보일 수도 있고 그렇지 않게 보일 수도 있겠지만 어느 쪽이 되었건 이 점을 고려해야 한다. 중국 회사에 채용된 외국인 직원에게는 퇴직금도 없고, 휴일이나 잔업 근무, 미사용 휴가에 대한 별도의 보상도 없이 오로지 노동 계약서에 명시된 연봉이 전부라는 점 말이다.

인력 시장도 엄연한 시장이기 때문에 수요와 공급의 법칙을 따른다. 공급이 적고 수요가 많으면 상품가격(=전문가 연봉)이 올라가고, 공급이 많고 수요가 적으면 상품가격이 내려간다. 2000년대 후반 중국 자동차 산업이 급속히 성장할 때는 한국인 기술자들에게 좋은 조건을 내걸었다. 하지만 최근 몇 년 사이 한국의 경기침체로 중국행을 택하는 한국인 기술자들이 늘어나면서 이들의 연봉은 정체되거나 줄어드는 경향이다. 최근 흐름이 이렇다는 것이고 개인별 연봉은 대외비라 정확한 금액을 파악하기는 어렵다. 개인 능력에 따라 연봉이 다른 것은 당연하고, 같은 회사 안에서도 자율주행이나 빅데이터 분석같이 전문가를 구하기 어려운 분야는 연봉이 높은 반면, 일반관리 같은 분야는 그렇지 않다. 또한, 중국이 적극적으로 발전을 추진하고 있는 분야에서는 외국인 전문가의 몸값도 훨씬 높다. 한국 언론에서도 보도된 바 있듯이 중국 반도체 회사에서 한국에 있는 반도체 전문가에게 기존 연봉의 8배를 제시했다든지 중국 항공사가 기존 연봉의 두 배를 주며 세계 각국의 항공기 조종사들을 채용하는 일도 있다. 하지만 그런 파격적인 조건이라면 그에 걸맞은 위험도 있다고 봐야 한다. 기술을 유출하는 산업스파이로 몰리거나 감당하기 힘든 과도한 실적을 내야 하는 것은 아닌지 잘 판단해야 한다.

　중국에서 처음 직장 생활을 시작하는 신입의 경우에는 여건이 많이 다르다. 앞서 설명한 바와 같이, 중국에서 대학을 졸업하고 취업하는 경우나 한국계 회사의 중국 지사가 아니고선 한국인 신입 사원을 뽑을 확률이 매우 낮기 때문이다. 중국에서 신입 사원의 연봉은 한국 회사 연봉보다 낮아서 대졸 신입 사원이 월 5,000 RMB(한화 약 85만 원)~7,000 RMB(한화 약 120만 원) 정도의 월급을 받으며, 보너스를 다 합쳐도 연봉 10만 RMB(한화 약 1700만 원) 정도다. 특별한 기술이나 검증된 능력이 없는 신입 사원에게 국적이 다르다 하여 더 많은 연봉을 지급하는 회사는 없다. 이렇게 낮은 급여를 감수하고 중국으로 취업하려는 한국인도 현실적으로는 없다고 볼 수 있다. 하지만 직급별로 연봉 차이가 많이 나기 때문에 신입 사원의 연봉은 적을지 몰라도 고위직은 높은 연봉을 받을 수 있다. 따라서 신입이더라도 장기적인 관점에서 중국 취업을 도전해 볼 수 있다. 중국 안에서도 홍콩, 베이징, 상하이 같은 국제적인 도시에서는 급여가 상대적으로 높다. 이들 지역을 목표로 삼는 것도 좋을 듯하다.

중국 생활
적응하기

China

01

알아두면 도움 되는
중국살이 이모저모

○ ○ ○

세금을 모르면 본인만 손해

'톰 소여의 모험'으로 유명한 미국 작가 마크 트웨인이 '인생에서 유일하게 확실한 것은 죽음과 세금'이라는 말을 했다고 한다. 사람이 사회적 동물로 살아 있는 한 결코 피할 수 없는 세금을 죽음에 견준 것은 참으로 탁월한 식견인 것 같다.

중국에서 소득이 있으면 외국인이라 하여도 당연히 소득세를 내야 한다. 다른 선진국과 마찬가지로 중국에서도 소득 규모에 따른 누진 제도를 도입하고 있기에 상대적으로 높은 급여를 받는 외국인에게 세금 문제는 결코 가벼운 문제가 아니다. 본인에게 해당되는 감세 제도가 있다면 적극 활용해야 할 것이다. 더군다나 내가 납부하는 세금이 고국인 한국에 쓰이는 것도 아니라면 더욱 아깝지 않겠는가?

2018년 10월, 중국은 개인 소득세 개편안을 발표하였다. 저소득층의 세금 부담을 줄여서 실질 소득 증가 효과를 가져오고 이를 통해 내수 경기를 활성화하는데 목표가 있다. 아울러 최근 경제성장 둔화 및 미국과의 무역마찰에 대응하기 위한 것으로 알려져 있다. 개인 소득세 적용대상은 중국인뿐만 아니라 일 년에 183일 이상 중국 본토에 거주하는 외국인 및 홍콩, 마카오, 타이완 주민이 해당하기에 중국 회사에서 일하는 한국인 직원이나 중국에서 사업을 하는 한국인 자영업자가 이번 개편안의 영향을 받는다. 주요 사항을 정리하자면 아래와 같다.

1 새로운 세율표 제정으로 중, 저소득층에 대한 감세 혜택 증대.
 – 중국 개인 소득세 과표 구간을 총 7개로 구분.
 – 세율은 각각 3%, 10%, 20%, 25%, 30%, 35%, 45%임.
 – 개별 자영업자의 소득도 새로운 세율표 적용을 받음.

등급	변경 후 연소득 (2018. 10월~)	세율	즉시 공제	변경 전 (~2018. 9월)
1	36,000 RMB 이하 (확대)	10%	0	18,000 RMB 이하
2	36,000 ~ 144,000 RMB (확대)	20%	2,520 RMB	18,000 ~ 54,000 RMB
3	144,000 ~ 300,000 RMB (확대)	20%	16,920 RMB	54,000 ~ 180,000 RMB

4	300,000 ~ 420,000 RMB (축소)	25%	31,920 RMB	180,000 ~ 420,000 RMB
5	420,000 ~ 660,000 RMB (불변)	30%	52,920 RMB	420,000 ~ 660,000 RMB
6	660,000 ~ 960,000 RMB (불변)	35%	85,920 RMB	660,000 ~ 960,000 RMB
7	960,000 RMB 이상 (불변)	45%	181,920 RMB	960,000 RMB 이상

2 개인 소득세 과세 시작 기준을 월 소득 5,000 RMB로 상향 조정.

- 기존 3,500 RMB/월 → 변경 5,000 RMB/월

3 특별 부가공제가 가능한 항목 6개 추가.

- 기존: 3보험 1금 (三險一金: 양로보험, 의료보험, 실업보험, 주거 공적금)

- 변경: 기존 + 6개 항목 추가(자녀교육 지출, 주택 임대료 지출, 주택 대출이자 지출, 노인 부양 지출, 중병 의료비 지출, 계속 교육 지출)

• 자녀교육 지출

자녀 1인당 연간 12,000 RMB의 학전/학교 교육관련 지출 공제.

학전 교육이란 3세 이상~초등학교 입학 전 단계를 뜻하며

학교 교육은 초등학교~박사과정에 이르는 교육단계를 뜻함.

• 주택 임대료 지출

납세자가 근무하는 도시의 주택 임대료 중 월 800~1,200 RMB 기준으로 공제.

직할시, 성(省)도, 국무원이 확정한 기타 도시: 월 1,200 RMB 공제.

인구 100만 명 이상 도시: 월 1,000 RMB 공제.

인구 100만 명 미만 도시: 월 800 RMB 공제.

- 주택 대출이자 지출

  첫 주거용 주택 대출에 한하여, 대출기간 월 1,000 RMB 공제.

  첫 주택이 아닌 경우에는 공제 불가.

- 노인 부양 지출

  60세 이상의 부모 및 기타 부양의무 대상자에 대한 지출 가운데서 월 2,000 RMB 기준으로 공제.

  납세자가 외동자녀일 경우 단독으로 월 2,000 RMB 공제, 형제자매가 있을 경우 분담형식으로 합산 2,000 RMB 기준으로 공제.

- 중병 의료비 지출

  1년 중 사회의료보험 기록에서 개인이 부담한 의료비가 15,000 RMB를 초과한 부분에 대해 '중병 의료비용'으로 인정하고 연 60,000 RMB 한도 내에서 실제 발생금액에 근거해 공제.

- 계속 교육 지출

  납세자가 공식 학력 교육을 받을 경우 교육기간 동안 월 400 RMB씩 연간 4,800 RMB 기준으로 공제.

  납세자가 직업교육을 받을 경우 자격증 취득 연도부터 매해 3,600 RMB 공제.

연 소득 과세 구간이 정해져 있지만 실제 월별 소득세 계산은 다소 복잡하다. 월 소득 누적금액 기준으로 과세를 하기 때문인데 예를 들어 중국 회사에서 월급으로 세전 30,000 RMB(한화 약 500만 원)을 받는 한국인 직원이 있다고 가정해보자. 여기에, 일단 3보험 1금(三險一金)이 공제되는데 사회보험료 500 RMB, 주택 공적금 1,200 RMB라 가정하고 두 자녀 교육비로 2,000 RMB(2명X1,000 RMB)를 공제 받는다고 하면, 소득세 과세 기준은 30,000(세전 월급) - 5,000(소득세 시작 기준) - 500(사회보험료) - 1,200(주택 공적금) - 2,000(교육비) = 21,300 RMB가 된다. 따라서 첫 번째 월급인 1월에는 개인 소득세가 639 RMB(21,300 X 3%)이다. 하지만 2월 개인 소득세는 다르다. 왜냐하면 월급은 1월과 동일하다 하더라도 누적 과세 급여액이 42,600 RMB(21,300 X 2개월)이고 이는 2등급 구간에 해당하여 소득세율이 10%이기 때문이다. 따라서 2월 소득세는 42,600 X 10% - 2,520(2구간 즉시 공제액) - 639(1월 기납부 소득세) = 1,101 RMB가 되며 동일한 논리로 계산 시 3월 소득세는 63,900 X 10% - 2,520 - 1,101 - 639 = 2,130 RMB가, 4월 소득세는 85,200 X 10% - 2,520 - 2,130 - 1,101 - 639 = 2,130 RMB가 된다. 결론적으로 매월 누적 급여액에 따라 소득세 과세 구간 및 과세율, 즉시 공제액 등이 바뀌게 되어 세후 월급 수령액이 매월 바뀔 수 있다.

또 한 가지 한중 양국 간 금융정보 공유도 고려해야 할 부분이다. 2018년 9월 국가 간 금융정보 자동교환협정(MCAA)이 발효돼 한중 간 상대국 거주자의 모든 계좌정보가 양국 세무당국에 자동 보고되기 시작했다. 중국 내 기업은 물론 개인의 모든 계좌 정보, 즉 예금, 적금, 증권, 보험, 펀드 등 모든 금융계좌가 한국 국세청으로 보고된다. 중국은 지난해부터 단계별로 시행해오다

2019년부터 모든 계좌를 자동 교환할 방침이다. 이에, 중국에서 세금을 내고 있는 한국인이라면 중국 세무 관청으로부터 '중국 세금납부 거주민 신분증명서(中国税收居民身份证明)'를 발급받아 거래은행에 신고해야 한다. 이는 중국 내 세금을 납부하고 있는 거주자는 한국 국세청의 계좌 보고 대상에서 제외된다는 의미이다. 대부분 한국인들이 중국 내 계좌를 개설할 당시 여권을 신분증으로 하므로 중국 금융기관의 고객 정보에는 한국거주자로 등록이 된다. 따라서 별도의 신고가 없다면 한국 내 납세의무자로 판단되어 금융정보가 교환된다는 것이다. 그렇기 때문에 본인이 중국에서 세금을 납부하고 있는 세법상 중국 거주자에 해당하는 한국인이라면 중국 내 세무기관을 방문하여 '중국 세금납부 거주민 신분증명서'를 발급받은 후 이것을 중국 금융기관에 등록해야 한다. 신청 자료는 모두 중국어로 작성되어야 하며 증빙 자료가 외국어인 경우 공증을 거친 중문 번역본도 함께 제출해야 한다.

사실, 규정은 발표되었지만 시행 첫해라 실제 적용은 아직 안정화되지 않은 것이 현실이며 세무당국이나 현지 은행에서도 확실한 답변을 해주지 못하는 경우가 많다. 중국 행정 절차가 복잡하고 업무 담당자가 해당 내용을 잘 모르거나 증빙 자료를 추가로 요구하는 경우가 있어서 최종 완료할 때까지는 상당한 인내심이 필요하다. 하지만 어찌하겠는가? 이럴 때는 중국 생활에서 배운 만만디 정신을 발휘해야 한다. 세금문제가 잘못되었을 경우 손해를 보는 쪽은 결국 개인이기 때문에 꾹 참는 수밖에. 한국에 있을 때는 공공기관이 관료적이고 불친절하다고 불평했었는데 중국 공공기관의 서비스를 경험을 하다 보면 한국의 공공기관이 참 친절하고 처리도 빠르다는 것을 새삼 느끼게 된다. 참고로 덧붙이자면, 해외 부동산에 대한 정보는 양국 간 교환 대상이 아니다. 예금, 적금, 증권, 보험 등 금융정보만이 대상이다. 중국에 부동산을 보유하고 있는 한국 교민들이 적지 않은데 그들에게는 그나마 다행(?)인 셈이다.

환율이 높으면 웃고 낮으면 울어라?!

세금 못지않게 중요한 것이 환전 문제이다. 중국에서의 급여를 대부분 중국 화폐인 인민폐(RMB)로 받기 때문이다. 한국계 회사에서 중국으로 파견된 경우라면 한국 원화로 받는 경우도 있겠지만 한국계 회사라 하더라도 법인 신고가 중국에 되어 있는 경우라면 결국 RMB로 받는 경우가 많다. 회사 정책에 따라 다르겠지만 외국계 다국적 기업의 경우도 비슷하여 대부분 중국 RMB로 급여를 지급하며, 미국 달러(USD) 또는 홍콩 달러(HKD)로 지급되는 회사도 있다고 한다. 어찌되었건 중국에서 버는 돈을 모두 중국에서 소진하는 극단적인 경우가 아니라면 환율과 환전 문제는 중요한 문제이다. 특히, 한국에 부양가족이 있어서 생활비를 계속 부쳐야 하는 상황이거나 한국에 고정적으로 발생하는 비용이 있다면 더욱 민감한 문제이다.

우선 환율 개념부터 정리하는 것이 좋겠다. '환율이 높다'는 표현은 비교 주체의 화폐 가치(예: 한국 원화)를 다른 나라의 비교 대상 화폐(예: 중국 RMB)로 환산하는 것을 의미한다. 즉, '(한국)원화 환율이 높다'라는 말은 한국 원화의 가치가 낮다라는 뜻이다. 그렇다면, 중국 RMB로 급여를 받는 한국인은 환율이 높은 것이 좋을까 아니면 낮은 것이 좋을까? 사실 우문에 가까운 질문인데 보는 관점에 따라 답이 다르기 때문이다. 예를 들어 월급이 50,000 RMB인 한국인 직원이 있다고 가정해 보자. 환율이 높은 경우, 예를 들어 180원이라고 하면 한국 원화로 환산한 월급은 900만 원이 된다. 반대로 환율이 낮을 경우, 예를 들어 160원이라고 하면 원화 환산 월급은 800만 원이 된다. 단순히 중국에서 받는 급여만 생각하면 환율이 높은 것이 좋아 보인다. 하지만, 한국에 있는 자산을 외화로 평가했을 때의 가치를 생각한다면 그 반대이다. 중국 환율 180원일 때 9억 원짜리 한국의 아파트를 중국인이 구매하기 위해서는 500만 RMB를 지불해야 한다. 하지만 환율이 160원일 때는 동일한 아파트를 구매하기 위해 중국인이 지불해야 할 돈은 562만 5천 RMB이다. 한국 원화의 가치가 올라갔기 때문에 더 많은 외화를 지불해야 하기 때문이다.

이런 점을 잘 알고 있음에도 중국 RMB로 급여를 받는 한국인들은 대개 환율이 높은 것을 선호하는 편이다. 한국에 있는 자산은 이미 확보해 놓은 고정된 것으로 인식을 하는 반면, 중국에서 버는 돈은 환율에 따라 변동되는 것으로 인식하기 때문이다. 앞서 예를 든 월급 50,000 RMB인 한국인 직원의 경우, 환율이 160원일 때 원화 환산 월급이 800만 원이라 환율 180원일 때와 비교해서 월급이 100만 원 줄어들었다고 생각한다. 환율이 20원 하락한 탓에 자신의 월급이 11% 줄어든 셈으로 인식하는 것이다. 은행 예금 금리가 2% 전후인 한국의 기준으로 월급 11%가 왔다 갔다 한다는 것은 어마어마하게 큰 문제이다. 예전 한국에 있을 때는 무역관련 뉴스에서 급변하는 환율 때문에 사업하기 힘들다는 보도에 별다른 느낌이 없었는데 중국에 온 이후로는 환율 문제가 크게 느껴진다. 역시 사람은 본인이 직접 겪어봐야 더 절실하게 느끼는 것 같다.

과거 10년간 중국 환율 변동 폭을 보면 최저 160.78원, 최대 230.16원이다. 최고점을 기록한 것은 미국 서브프라임 사태 때의 극히 예외적인 고점이어서 이를 제외하면 대략 170원±6%로 이해할 수 있다. 앞서 설명했듯이 ±6%는 결코 적은 양이 아니다. 따라서 중국에 취업하더라도 한국에 일정 정도의 운영 자금을 남겨두고 환율이 높을 때 환전하는 등 환율 변동에 어떻게 대처할지 미리 고민해봐야 한다.

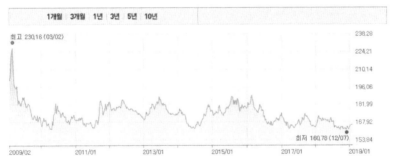

과거 10년 중국 환율(KEB하나은행 제공)

그러면 환전은 어떻게 하는 것이 좋을까? 인터넷으로 환율을 조회하거나 은행에서 환율을 문의하면 아래와 같은 표를 볼 수 있다.

(2019. 1. 31. KEB하나은행 427회 고시)

매매기준율	현찰		송금	
	사실 때	파실 때	보내실 때	받으실 때
165.79	174.07	157.51	167.44	164.14

흔히 말하는 환율은 '매매기준율'을 말하며 개인이 은행에서 외화를 사거나 팔 때는 수수료가 발생하기 때문에 매매기준 금액보다 좋지 않은 조건으로 거래가 이루어진다. 현찰로 사거나 팔 경우에는 매매기준가에 비해 8.28원, 송금으로 보내거나 받을 경우에는 매매기준가에 비해 1.65원의 차이가 발생한다.

앞서 예로 들었던 월급 50,000 RMB의 한국인을 다시 불러보자. 월급을 매매기준율로 환산한다면 8,289,500원이다. 하지만 월급 모두를 현찰로 환전했다면 수수료로 414,000원을 뗀 후 7,875,500원을 손에 쥐게 되고, 한국으로 송금 하게 되면 수수료 82,500원을 뺀 8,207,000을 손에 쥐게 된다. 일년에 한 번 하는 해외여행을 위한 환전이라도 수수료가 아까울 판인데 생활비를 위해 매월 송금해야 하는 한국인이라면 이 돈이 더욱 아까울 것이다. 환전 비용을 아끼기 위해 개인 간 환전을 하는 경우가 있는데 이는 환전 사기나 보이스피싱 범죄 조직과 연루될 가능성이 있기 때문에 바람직하지 않다. 주중 한국영사관에서도 교민들을 대상으로 환전 사기 피해 주의 공지를 지속적으로 하고 있다. 중국에서는 소득이 확실히 증명이 되는 경우 세후 순수입분 이내에 대해서는 해외 송금을 허용하고 있기 때문에 거래은행을 통해 송금하는 것이 가장 바람직하다. 이를 위해서 중국 은행에 제출해야 할 서류는 아래와 같다.

— 여권
— 외국인 취업 허가증(지방 관청 발급)
— 재직 증명서(소속 회사 발급)
— 소득 증명서(소속 회사 발급)
— 세금완납 증명서(지방 세무서 발급)
— 환전 신청서, 송금 신청서(해당 은행 양식)

부득이하게 현금으로 환전을 해야 한다면 허용된 금액 범위 이내의 외화를 한국에서 환전하는 것이 수수료를 줄이는 방법인데, 중국 RMB의 경우 서울 명동에 위치한 중국대사관 근처의 환전상들이 일반 은행보다 좋은 조건으로 환전을 해준다고 한다.

중국에서 집 구하기 1: 외국인도 집을 살 수 있을까?

중국 생활을 시작할 때 겪게 되는 어려움 중 하나가 바로 집 구하기이다. 내가 살 곳의 중요함을 새삼 언급할 필요는 없다. 이번에는 중국에서 집을 구할 때 겪을 수 있는 어려움과 이에 대한 해결책에 대해서 이야기해보고자 한다. 중국에서 집을 구하는 방법은 소유 방법에 따라 크게 매입과 임차, 두 가지로 나눌 수 있다.

우선 매입에 대해 이야기해보자. 첫 번째 질문, 외국인도 중국에서 집을 구입할 수 있는가? 대답은 '조건을 갖추었을 경우 가능'이다. 여기서 말하는 조건은 중국 법규로 정해져 있는데 요약하면 다음과 같다.

> 중국에서 1년 이상 근무 또는 유학한 외국인은 자가 사용 또는 자기 거주 목적에 한해 주택 구입이 가능하다. 여기서 말하는 '1년 이상 근무 또는 유학'이란 중국 공안국 출입국관리국(公安局出入境管理处)에서 발급한 '외국인 거류증(外国人居留许可, Residence permit for foreigner)'으로 증명할 수 있다. 자격을 갖춘 외국인은 중국에서 1년 이상 근무하는 조건으로 1인 1주택에 한하여 주택을 구입할 수 있도록 하고 있다.
>
> 〈외국기관과 개인의 주택구입 규제 강화에 관한 통지
> (关于进一步规范境外机构和个人购房管理的通知)〉 인용

하지만 중국은 워낙 땅이 넓고 각 지역별 경제·사회적 발전 정도가 다르기 때문에 각 지방 정부가 해당 지역의 실정을 반영하여 외국인의 중국 주택 구입 제도를 탄력적으로 운영하고 있다고 한다. 한마디로 요약하자면 시간과 장소에 따라 조건이 다를 수 있다는 것이다. 어떤 경우에는 취업증만 있어도 가능하기도 하고 반대로 자격을 갖추어도 주택 구입이 어려울 수 있다.

외국인이 주택을 구입할 경우 해당 지역에서 1년 이상 세금 납부한 세납 증명서가 있어야 하며, 감독기관에서 주택 구입자금을 조사할 수 있다. 주택 취득 시 취득가의 3%에 해당하는 금액을 취득세로 납부해야 하며, 보유 기간에는 취득가의 1%를 세금으로 내야 한다. 또한, 부동산 매도의 경우에는 양도차액의 5~6%에 해당하는 금액을 양도세로 납부해야 한다. 다만, 부동산 매매로 인해 발생한 수익은 중국에서 발생한 정당한 수익으로 간주하여 해외 송금 시 문제되지 않는 것으로 알려져 있다.

중국 회사에서 일할 경우 주택 구매 시 회사의 지원을 받는 경우도 있다. 특히 중국 건설사에 근무하거나 건설사를 거느린 대기업에 근무하는 직원은 시세보다 저렴한 가격과 낮은 금리 같은 혜택이 있다. 자격을 갖춘 외국인 직원이라면 중국인 직원과 동일한 조건으로 회사의 행정 지원을 받을 수 있어서 여러 면으로 좋은 기회가 될 수 있다.

중국 주택 구매를 검토할 때는 중국 부동산 버블 문제도 반드시 고려해야 한다. 2018년 말 발표된 중국의 한 부동산 연구기관의 보고서에 따르면 중국 100개 주요 도시의 분양주택 평균 거래가격은 1평방미터(㎡) 당 13,203

RMB(한화 약 220만 원) 이라고 한다. 집값이 1㎡당 20,000 RMB를 넘은 도시는 상하이, 선전, 베이징, 샤먼, 산야, 항저우, 푸저우, 난징 등을 비롯한 12개였고 이 가운데서 상하이의 집값이 55,145 RMB(한화 약 920만 원) 로 가장 높았다. 상하이 땅값은 비싸기로 세계에서 유명한데, 한 해외 조사에 따르면 1㎡당 한화 약 8,500만 원으로 세계 10위를 기록했다고 한다. 홍콩은 이보다 더해서 1㎡당 한화 약 1억 8,000만 원까지 치솟아 세계 2위를 기록했다. 2018년에는 다소 주춤했지만 과거 수십 년 동안 중국 부동산은 지칠 줄 모르고 상승해 왔다. 더욱이, 2019년에는 경기침체에 대한 우려가 커지고 있는 상황이다. 앞서 보았듯이 중국에서 주택 구입은 매력 있는 투자로 보이고 여태까지는 실적도 좋았다. 하지만 비싼 매매가, 부동산 버블, 복잡한 행정 절차를 고려하면 중국에서 주택을 구매하는 일은 신중히 생각해야 할 문제이다.

중국에서 집 구하기 2: 중국에는 전세가 없다

중국에는 한국과 같은 전세 제도가 없고 단지 월세가 있다. 많은 경우 리엔지아(链家, www.lianjia.com), 워아이워지아(我爱我家, www.5i5j.com) 같은 부동산 중개업체를 통해 거래가 이루어지며 집주인과 임차인은 1년 단위로 임대 계약을 맺는다. 외국인 임차인을 주 대상으로 하는 중개업소들도 있는데 집 상태가 양호하고 편의 시설이 잘 갖추어진 월세방이 많아 편리하지만 월세가 다른 로컬 물건과 비교하여 비싼 편이다. 집주인 입장에서도 외국인 입주자를 선호하는 편이다. 보통의 경우보다 높은 임차비를 기대할 수 있고 월세도

꼬박꼬박 잘 내며 집도 깨끗하게 사용하기 때문이다. 임대 계약 시 월세와는 별도로 한 달치 월세에 해당하는 보증금을 집주인에게 예치해 놓는데 이는 계약기간 만료 후 집 상태에 따라 전부 돌려받거나 수리비를 제외한 일부를 돌려 받는다. 또한, 한 달치 월세에 해당하는 금액을 중개업체 수수료로 지불하는데 집주인, 임차인이 반반씩 부담하는 것이 보통이다.

한국에서 주택을 임대할 경우 최소 이사 날짜 한두 달 전에는 집을 준비해야 하지만 중국에서는 준비 기간이 비교적 짧아서 보통은 한 달, 짧게는 일주일 기간을 두고 계약이 되기도 한다. 임차 계약에는 단순히 집만 포함되는 것이 아니라 가전, 가구를 포함하기 때문에 보유한 가전, 가구 수량 및 상태에 따라 월세금이 크게 다를 수 있다. 일반적으로 TV, 냉장고, 세탁기, 에어컨, 전자레인지 같은 가전과 침대, 옷장, 식탁, 소파, 주방 싱크대, 가스레인지, 탁자, 책상, 의자 같은 가구는 필수 구비 항목이며 이러한 가전, 가구가 구비되지 않은 빈 집은 비슷한 규모의 다른 집에 비해 월세금이 매우 저렴하다. 구비된 가전, 가구가 오래되었거나 마음에 들지 않는다면 계약 전 집주인에게 교체 가능 여부를 확인하는 것이 좋다.

중국에도 임차인을 보호하는 제도가 있다. 예를 들어, 집주인이 임대 주택을 매도할 경우에는 매도하기 전에 합리적인 기간을 두고 임차인에게 통보해야 하고, 임차인은 동일한 조건하에서 우선 매수할 수 있는 권리가 있다. 집주인이 관련 규정을 위반할 경우 임차인은 법원에 동 주택매매의 무효를 제기할 수는 없지만, 해당 주택이 제3자에게 팔리더라도 임차기간이 남아있는 기간 동안 계속 거주할 수 있으며, 임차인의 우선 구매권을 침해했을 때는 임대인에게 배상을 청구할 수 있다.

중국에서 월세를 구할 때 주의할 사항들을 적어 보자면 아래와 같다.

1 임대인이 부동산을 임대할 권리를 가지고 있는지 반드시 확인해야 한다. 임대인이 부동산 소유자라면 부동산 권리증을 가지고 있을 것이다. 부동산이 불법 건축물 또는 임시 건축물이라면 부동산 계약이 무효가 될 수 있다. 만약 임대인이 재임대를 하는 것이라면 그와 원 소유자 간에 작성된 임대차 계약서를 보여줄 것을 요구하고, 소유자가 재임대에 동의하였는지를 확인해야 한다.

2 임대차 계약서를 체결한 후 '동일 부동산의 이중임대(一房两组)'를 방지하기 위하여 임대인에게 임대차 등기를 요구해야 한다. 하지만, 이는 임대인이 거부하면 불가하기 때문에 실제로는 안 되는 경우가 많다.

3 임대인에게 보증금을 지불할 경우, 계약서에 보증금 금액과 임차기간 만료 시 임대인은 반환해야 한다는 문구를 기재해야 한다. 임대인이 받은 보증금에 대해 영수증 작성을 요구해야 하는 것은 물론이다.

4 매번 임대료를 납부하는 시기, 방식 등을 계약서에 구체적으로 기록해야 한다. 일반적인 경우 임차계약 작성 시 3개월치 임대료를 선지급하고 3개월 이후부터는 매월 정해진 날짜에 지급한다. 하지만 전

체적인 임차조건을 협상하는 과정에서 임대료 납부 방법은 얼마든지 조정 가능하다. 집에 구비된 가구, 가전을 새것으로 교체하는 조건으로 임대료를 선납한다든지, 전체 임대료를 대폭 낮추는 조건으로 반 년치 또는 일 년치 임대료를 선납할 수도 있다. 종종 중국 사정에 잘 모르는 외국인으로 취급하여 얼렁뚱땅 넘어가려는 집주인도 있기 때문에 수동적으로 있기보다는 적극적으로 협상을 주도하는 것이 좋다.

5 부동산 임대차 기간을 명확히 해야 한다. 2019年 1月 1日~2019年 12月 31日처럼 시작일과 종료일을 명확히 기록해야 한다. 임대차 기간이 명확하게 기재되지 않은 경우 임대인이 임대차를 해지하고 부동산의 명도를 요구할 때 임차인은 이에 응하여야 하기 때문이다.

6 계약기간 종료 후 주택 인도 시 집안 내부의 가구 종류, 상태 등에 대해 명확히 하여 분쟁을 피해야 한다. 계약 당시 가전, 가구 상태를 사진으로 남겨 두고 하자가 있는 경우에는 그 상태를 계약서에 명시하는 것이 좋다. 대부분의 집주인은 발생한 하자에 대해 임차인의 책임을 주장하며 이에 대한 수리비 명목으로 보증금을 돌려주지 않을 때가 많다. 분쟁이 발생할 경우 아무래도 외국인에게 유리할 게 없기 때문에 사전에 명확히 해 놓아야 한다.

7 부동산 또는 주택 내 시설에 문제가 생긴 경우, 임대인의 수리 의무에 대하여 구체적으로 명시해야 한다. 임차인의 명백한 실수에 의한 것이 아닌 이상 주택의 유지 보수는 임대인의 책임이다. 집에 누수가 발생했다거나 가전제품이 고장 났을 경우 임대인에게 고지하고 수리를

요청해야 한다.

8 임대인의 신분증 원본을 확인하고 사본을 확보해 놓아야 한다. 또한 연락 가능한 전화번호와 위챗 계정을 받아 놓아, 문제 발생 시 서로 연락할 수 있도록 해야 한다.

그러면, 중국에서 아파트 임차비는 어느 정도일까? 당연히 지역별로 엄청난 차이가 있다. 일단 부동산 가격이 가장 비싸기로 유명한 상하이를 예로 들어보자. 한국 교민들이 주로 모여있는 구베이 지역에서 부동산 중계업소를 통해 확인한 인근 아파트 임대 시세는 $140\,m^2$ (방 3개 기준, 화장실 2개)에 22,000~27,000 RMB/월(한화 약 370만 원~460만 원/월)이고 원룸이라 하더라도 7,000~10,000 RMB/월(한화 약 120만 원~170만 원/월) 정도라고 한다. 외국인들이 선호하는 푸동 지역은 더욱 비싸서 월 30,000~40,000 RMB(한화 약 500만원 ~ 680만 원)이라고 하는데 아파트 임차비가 집의 크기, 주변 환경, 완공 연도 등 변수가 워낙 많아 특정하기는 어렵지만 이 정도의 가격대라면 보통의 월급 생활자가 감당할 수 있는 범위를 넘어선다고 하겠다. 상하이의 집값이 워낙 높은 탓에 주택 임차비도 덩달아 껑충 오른 것이다. 베이징도 상황은 비슷하여 왕징 구역의 방 3개 아파트를 구하려면 최소 20,000 RMB/월(한화 약 340만 원) 는 지불해야 한다.

내가 살고 있는 항저우는 중국의 2선 도시 중 하나이다. 참고로 중국에는 도시의 규모에 따라 등급을 구분하고 있는데 5개의 1선 도시(베이징, 상하이, 광저우, 선전, 톈진) 가 있고 30여 개의 2선 도시(항저우, 난징, 시안, 청두 등) 아래로 3

선, 4선, 5선 도시가 있다. 항저우 시내 중심부에서 방 3개짜리 아파트를 구하려면 10,000 RMB/월 가까이 들고 원룸이라 하더라도 4,000 RMB/월은 내야 한다. 더 저렴한 가격의 집도 물론 있긴 하지만 집이나 가전, 가구 상태를 고려할 때 그리 권할 만한 수준은 아니다. 중국에서도 입지가 집값에 미치는 영향이 매우 커서 같은 평수, 같은 시기에 지어진 아파트라 하더라도 좋은 학교 근처, 지하철역 근처, 쇼핑몰이나 병원 등 편의시설이 우수한 지역이 훨씬 높은 가격에 거래된다.

앞서 1장 '한국을 떠나기까지'에서 중국으로 이사하는 것에 대해서 설명한 바 있으니 이번에는 중국 내에서 이사했던 경험에 대해서 이야기하겠다. 이사를 하는 것은 중국에서도 역시 번거로운 일이다. 우선, 이사 업체를 선정해야 하는데 변수가 많아서 어느 선택이 옳은지 알기가 쉽지 않다. 이동거리, 투입되는 작업 인원수, 이삿짐 물량, 포장 방법, 동원 장비 수준에 따라 가격이 천차만별이다. 가장 저렴한 사례부터 이야기 해보겠다.

임대 기간이 만료되어 같은 항저우 시내에서 이사를 하였는데 이동 거리는 약 10km였다. 비용을 줄이기 위하여 이삿짐 포장은 가족들이 직접하고 이사 업체는 이동만 하며 포장에 필요한 박스, 테이프와 새집 도착 후 짐 풀기 모두 고객인 내가 부담하는 조건이었다. 한국에서 훈련된 풍부한 이사 경험이 이럴 때 발휘되었다. 짐을 많이 줄였다고 생각했지만 이삿짐 물량은 2.5톤 트럭 1대, 1톤 트럭 1대 분량이었고 작업인원은 3명, 총 소요된 시간은 이동시간 포함하여 총 4시간 정도였다. 이사 업체에 지불한 돈은 얼마나 되었을까? 정답은 700RMB(한화 약 12만원)이다. 거리도 멀지 않고 패킹, 언패킹 모두 자기가 직접하는 경우였기에 비용이 매우 저렴했다. 크기가 아주 큰 짐을 퀵서비스로 보내는 느낌이었다. 참고로 고층 아파트 이사였지만 사다리차는 동원되지 않았다. 장비 자체가 흔치 않을뿐더러 비용도 매우 비싸기 때문에 사다리차를 쓸 바에야 작업 인원을 더 투입하는 것이 훨씬 저렴하다. 풍부한 노동력의 중국이란 것을 다시 한번 실감하게 된다.

다음은 다른 한국인 가족의 사례이다. 비슷한 거리에 짐이 조금 더 있었고, 업체가 포장 해서 이사했었는데 1,200 RMB(한화 약 20만원)으로 역시 저렴했다. 물론, 포장을 업체에서 했다지만 한국에서처럼 꼼꼼하게 해 주길 바라는 것은 무리이다. 웬만한 것은 참고 넘어가는 수 밖에 없다. 또 다른 예는 항저우에서 선전으로 이사하는 사례이다. 아는 지인의 경우인데 거리는 약 1400km로 한국 포장이사 수준의 서비스를 받았다고 한다. 얼마였을까? 24,000RMB(약 400만원)이었다. 그분의 말에 따르면 비싸긴 했지만 서비스는 괜찮았다고 한다. 이사 비용 하나만 보더라도 비싸면 비싼대로 싸면 싼대로 다 나름의 이유가 있다.

중국 아파트에서 산다는 건

이번에는 집 관리 비용을 살펴보자. 한국과 마찬가지로 중국 대도시에서는 주민 대부분이 아파트에 거주한다. 다른 점은 한국에서처럼 관리비 청구서가 통합되어 나오는 대신 전기, 가스, 수도요금 청구서가 각각 따로 발급된다는 점이다. 이들의 관리 주체가 별도 이기 때문이다. 임차기간 동안 발생하는 전기, 가스, 수도 사용 비용은 실 사용자(집주인 본인 또는 세입자)가 부담하며 기타 아파트 유지 보수 비용은 집주인이 부담한다. 중국 주택의 관리비는 매우 저렴한 편이다. 내가 중국 항저우에 거주하는 5년 동안 전기요금은 평균적으로 월 300 RMB(한화 약 50,000원) 정도였고 에어컨을 많이 쓰는 여름이나 난방 기구를 많이 쓰는 겨울이라도 월 600 RMB(약 100,000원)을 넘은 적이 거의 없었다. 가스비용은 더욱 적어서 월 100 RMB(약 17,000원)을 넘지 않았다. 가족 3명이 90㎡의 작은 집에 살았고 낭비를 싫어하는 생활 습관도 이유이겠지만 한국에서의 아파트 관리비와 비교했을 때 적은 것은 확실하다.

내가 살고 있는 항저우는 위도상 제주도보다 훨씬 남쪽에 있다. 여름에는 40℃에 육박할 정도로 덥고 겨울에도 영하로 내려가는 날이 거의 없을 정도로 온화하다. 하지만 집에서는 한기를 느낄 때가 많은데 그 이유는 중국 아파트의 난방 시설 때문이다. 중국에는 한국과 같은 바닥 난방이 없고 대신 냉난방 겸용 에어컨이나 열선이 달린 히터 또는 라디에이터를 이용해 난방을 한다. 더욱이 중국의 아파트들은 문틈이나 창틈의 마무리가 깔끔하지 못한 경우가 많고 창문 유리창이 홑겹으로 되어있어서 단열이 그리 좋은 편은 아니다. 이렇다 보니 평균 기온은 한국에 비해서 높다고 하더라도 집에서 느끼는 추위는 더 춥게 느껴진다. 한국의 따뜻한 온돌이 그리워질 때가 한두 번이 아니다.

중국의 아파트에 대한 이야기가 나온 김에 한 가지 불만을 더 이야기해보겠다. 바로 소음문제이다. 한국에서 아파트 층간 소음문제는 상당히 중요한 문제로 이웃 주민들간 서로 조심하고 있다. 하지만 중국은 프라이버시에 대한 인식차이인지 아니면 소리에 대한 민감도가 다른 것인지 주변 소음에 대해 크게 문제 삼지 않는 것 같다. 중국 건설사에서 신규 아파트를 판매할 때는, 한국의 아파트 같이 옵션이 갖추어진 집이 아니라 말 그대로 빈집을 판매한다. 따라서 집에 필요한 바닥, 천장, 벽지, 조명, 주방, 수납공간 등 기본 장치부터 사소한 장식하나 까지 집주인이 개별적으로 공사를 한다. 내 집을 내가 원하는 대로 꾸미는 재미가 쏠쏠할 듯 하다. 그래서 집이 거래될 경우, 새로운 집주인의 취향에 따라 개조 공사가 뒤따르게 된다. 중국인들에겐 관행인 탓인지 공사에 대한 안내나 양해도 없는데 상황이 이렇다 보니 중국 아파트에 살다 보면 거의 일년 내내 공사 소리를 듣게 되는 것 같다. 이런 관행에 익숙하지 않은 한국인 시각에서, 공사로 인한 소음은 정말 짜증나는 일이다. 기본적인 벽체의 방음도 허술한 편이다. 집에 가만히 있다 보면 옆집 아저씨가 뭐라고 화를 내는지, 아줌마가 무슨 TV를 보는지 다 들을 수 있을 정도이다. 처음에는 내가 사는 아파트가 부실 공사라 그런 줄 알았는데 이사 간 다른 집에서도 상황은 비슷했다. 중국에서 보낸 시간 덕분에 이제는 어느 정도 무감각해지는 경지에 이르게 되었지만 불편한 건 여전하다.

전자 페이, 현금이 필요 없는 세상을 만들다

미래 사회를 예측할 때 언급되는 것 중 하나가 '현금 없는 사회'이다. 정보화 사회로의 발전 및 각종 금융 기관 업무의 전산화에 따라 실질적인 현금의 이동이 없어진 사회. 즉, 지폐 · 동전 등 현금이 필요하지 않은 사회를 말하는데 이런 의미에서 중국의 현재는 이미 미래이다. 중국에서는 정말 현금이 사라지고 있기 때문이다. 중국에서는 두 개의 전자 페이가 대표적인데 타오바오로 유명한 알리바바 그룹이 운영하는 알리페이(支付宝, Alipay)와 중국 최대 IT 기업이라 할 수 있는 텐센트가 운영하는 위챗페이(微信支付, Wechat pay)가 그것이다.

알리페이(支付宝, Alipay)

위챗페이(微信支付, Wechat pay)

중국에서는 전자 페이가 편리함을 넘어서서 거의 필수라고 할 수 있을 만큼 보편적인 결제 수단으로 자리 잡았다. 핸드폰에 알리페이나 위챗페이만 깔려있으면 현금이 없어도 중국 어디에서든 결제가 가능하다. 동네 슈퍼마켓, 버스, 택시, 지하철, 비행기, 식당, 영화, 호텔, 택배, 인터넷 쇼핑, 게임머니 충전 등 온라인·오프라인 가리지 않고 거의 모든 상거래에서 사용 가능한데 심지어 길거리 노점상에서도 사용 가능하다. 뿐만 전기·가스 등의 공공요금 납부, 예금, 송금, 기부 같은 금융 서비스도 지원하는 등 말 그대로 현금 없이도 생활이 가능하다. 사용범위가 넓을 뿐만이 아니라 사용하기도 매우 쉽고 편리해서 기술에 거부감이 있는 노년층도 별 어려움 없이 사용한다. 유일한 걱정이라면 핸드폰을 분실하거나 통신에 연결이 안 될까 하는 문제이다. 아마 현금을 가지고 다니는 경우는 중국을 방문한 외국인 관광객이나 핸드폰을 잃어버렸을 때를 대비한 비상금이지 않을까 한다. 때문에 중국에서는 거지도 전자 페이로 동냥한다는 농담이 있다. 다만, 거래 금액에 제한이 있어서 한 번에 50,000 RMB 이상 사용은 불가하고 일부 관공서에서는 아직 도입되지 않은 곳이 있다. 따라서 국제학교 학비, 부동산 거래, 외국인 등록 같은 경우에는 여전히 현금 또는 은행을 통한 계좌이체 방식을 쓰고 있다.

사실, 중국에서는 다른 선진국과는 달리 신용카드 사용이 그리 보편화되지 않았다. 전자 페이가 활성화되기 전에는 은행직불카드를 사용하였는데 카드 수수료를 아까워하는 중국인들의 인식에 더하여 VISA, Master 등 기존 카드 결제 시스템이 모두 서방세계인 것도 이유이다. 그냥 소문에 불과한 이야기인지 사실인지는 모르겠으나 위조지폐에 대한 우려도 전자 페이가 널리 퍼지는데 한몫 했다고 한다. 중국에서는 100 RMB가 가장 높은 지폐 액면가 인데 손님이 100 RMB 지폐로 지불할 경우 상점에서는 꼭 지폐 확인기계를 통해서 위조 유무를 확인한다. 정말 소문대로 위조가 많아서인지 그냥 습관인지는 모르겠다.

전자 페이 사용자 수에 대해서는 논쟁의 여지가 있는데 운영사인 알리바바의 발표 자료에 따르면 알리페이의 사용자 수는 전 세계적으로 10억 명이 넘는다고 하며 텐센트의 발표로는 위챗페이의 이용자 수가 8억 명 이상이라고 한다. 다만, 독자적인 시장 조사기관의 조사 결과는 달라서 2018년 11월 기준으로 위챗페이 사용자가 6억 명으로 세계 1위, 알리페이 사용자가 4억 명으로 세계 2위라는 보도가 있다.

실제 전자 페이를 사용해 보면 정말 편리하다. 현금을 들고 다닐 필요도 없고, 딸랑거리는 잔돈이 생기지도 않으며 카드보다도 더 쉽게 사용할 수 있다. QR 코드를 읽고 금액을 확인한 후 비밀번호만 입력하면 결제가 끝난다. 신용카드 같이 별도의 단말기가 있어야 하는 것도 아니고 서명할 필요도 없다. 홍빠오(红包)라는 일종의 전자 머니를 적립하거나 원하는 상대에게 보낼 수 있는데 춘절이나 중추절 같은 명절 또는 생일 같은 기념일에는 이 홍빠오를 선물하곤 한다. 생각지도 못한 지인으로부터 받는 홍빠오는 비록 소액일지라도 기분 좋기 때문에 새로운 부서장이 부임할 때 팀원들에게 홍빠오를 보내거나 부서 회식 때 추첨으로 나누어 갖기도 한다.

전자 페이를 이용하려면 우선 중국공상은행, 중국농업은행, 중국건설은행, 중국은행 같은 중국 현지 은행에서 개설한 계좌가 있어야 한다. 중국에서 일하는 외국인이라면 대부분 현지 은행에서 개설한 급여 계좌를 가지고 있기 때문에 알리페이나 위챗페이를 사용하는데 문제가 없다. 다음 단계로 해당 app을 다운로드 하여 자신의 스마트폰에 설치한다. 위챗은 원래 한국의 카카오톡 같은 모바일 메신저이기 때문에 사용하는 핸드폰 번호와 위챗페이에 연결할 중국 내 은행계좌만 있으면 손쉽게 개설할 수 있다. 외국인이 알리페이를 사용하려면 여권사진과 은행계좌를 등록한 다음 인증이 될 때까지 며칠을 기다려야 하는데 여권에 기록된 영문이름과 은행계좌 소유주 이름이 완벽하게 일치하지 않으면 가입이 거부되기도 한다. 이 두 가지 전자 페이 외에도 바이두즈푸(百度支付), 징둥즈푸(京东支付) 같은 다른 전자 페이도 있지만 알리페이나 위챗페이가 워낙 넓게 쓰이고 있어서 점유율이 그리 크지 않다. 사실, 알리페이나 위챗페이 중 하나만 있어도 사용하는데 불편함이 없다. 보안 문제에 대한 우려가 있을 수 있지만 크게 개의치 않는 분위기다. 인터넷이든, 모바일 메신저든, 전자 페이든 어차피 모두 중국 정부의 감시가 이루어지기 때문에 차라리 안전하다고 믿는 역설적 상황이라 할 수 있다.

얼마 전 한국 신문에서 한국 택시에서도 알리페이를 사용할 수 있다는 기사[2]를 보았다. 언론 보도에 따르면, 서울 명동에서 영업하는 상점의 90%가 알리페이를 받는다고 하며 공항, 면세점, 백화점, 편의점, 식당 등 중국 관광

<hr />

2 서울택시 QR코드로 결제…알리페이도 도입 확정(https://news.naver.com/main/read.nhn?mode=LSD&mid=sec&sid1=102&oid=421&aid=0003653011)

객이 자주 이용하는 업체를 중심으로 이미 5만 개 이상의 가맹점을 확보했다고 한다. 위챗페이를 합치면 한국에서 10만 개 이상의 상점에서 중국산 전자 페이의 사용이 가능하다고 한다. 한국을 방문하는 중국 여행자 수에 따라 한국 관광산업이 희비가 엇갈릴 정도로 중국인 관광객이 많고, 한국에서 일하거나 유학중인 중국인도 많아서 한국 내 중국산 전자 페이의 사업성은 충분해 보이며 여기에 2019년 상반기에 서울 택시 7만여 대에 알리페이 기능이 더해지면 중국산 전자 페이의 사용은 점차 확대되지 않을까 한다.

이러한 시장의 흐름이 새로운 기회일 수도 있지만 사실 걱정도 된다. 아직까지는 중국인 관광객과 국내 거주 중인 중국인들을 대상으로 사업을 하고 있지만 한국인을 대상으로 시장을 확대할 경우 기존 결제 서비스 시장에 큰 변화를 가져올 수 있기 때문이다. 모바일 메신저나 전자 페이는 대표적인 플랫폼 기반 사업이다. 사용자 규모 자체가 사업 성패를 결정하고 한번 플랫폼을 장악하면 그 다음부터는 시장구도를 바꾸기 힘들게 된다. 중국산 전자 페이를 개설하기 위해서는 중국 현지 은행 계좌가 있어야 하기 때문에 한국에서 중국산 전자 페이를 개설하기는 쉽지 않은 것으로 알고 있다. 아직까지는 말이다. 하지만 향후 시장 상황이 바뀌어 외국인들도 쉽게 개설할 수 있게 되고 사용할 수 있는 가맹점도 점차 늘어나게 된다면 한국의 핀테크 산업은 큰 위기에 빠지지 않을까 하는 두려움을 떨칠 수 없다. 걸음마를 뗀 지 얼마 안 되고 사용자 수도 겨우 몇백만(많아야 몇천만)명인 한국산 전자 페이와 이미 10억 이상의 사용자와 세계 곳곳에서 가맹점을 확보한 중국산 전자 페이의 승부라면 결과는 뻔해 보이는데 부디 우려하는 일이 일어나지 않기를 바랄 뿐이다.

중국 곳곳을 잇는 다양한 교통수단

중국은 세계 4위의 넓은 국토에 14억의 인구를 가진 국가이다. 이러한 거대 국가를 유지하기 위해선 전국을 연결하는 교통이 매우 중요하다. 도로(자동차, 버스, 택시, 자전거, 스쿠터 등), 궤도(고속기차, 일반기차, 지하철, 전차), 수상(바다, 강, 운하), 항공 등 우리가 알고 있는 대부분의 교통수단이 중국에 존재한다고 보면 될 것 같다. 중국의 교통에 대해 자세히 살펴본다면 별도로 책을 쓸 만큼 내용이 방대하지만 중국에 살고 있는 일반인의 시각에서 간단하게 설명하겠다.

1 도로교통

- **자동차**: 중국 승용차 시장정보 보고서에 따르면 2018년 중국 승용차 판매량은 2,272만 대로 집계되었다. 이는 2017년 실적에 비해 6% 하락한 것인데 20년 만에 처음 발생한 일이다. 그럼에도 불구하고 중국 자동차 시장은 여전히 세계 최대 규모이다. 14억에 이르는 막대한 인구수와 광활한 국토, 세계 최대 규모의 고속도로망을 가진 탓이다.

  한국인이 중국에서 자동차를 운전하려면 중국 운전면허 시험을 봐야 하는데, 한국 운전면허증이 있으면 실기시험은 면제 받을 수 있어서 필기시험만 통과하면 된다. 필기시험은 100점 만점에 90점 이상 맞아야 합격인데 시험장에서 한국어 지원이 가능하기 때문에 언어 문제로 고민할 필요는 없다. 시중에서 구할 수 있는 문제집을 미리 풀어보면 어렵지 않게 합격할 수 있다. 중국 운전면허증을 발급 받기 위해서는 여권, 한국 운전면허증(실기시험 면제 증빙용), 증명사진 4장, 주숙 등기 원본, (지정병원) 신체검사 결과, 수수료를 준비해야 한다.

외국인이 자동차를 구매하는 경우, 별다른 제한은 없으나 관련 절차가 복잡하기 때문에 충분히 의사소통을 할 수 있는 중국어 실력과 기다릴 수 있는 인내력이 필요하다. 차량 가격 외에 세금, 보험료, 번호판 요금을 내야 하는데 교통 체증이 심각한 대도시에서는 번호판 총량 규제를 통해 차량 규모를 조정하기 때문에 번호판 구매 비용이 만만치 않다. 상하이의 경우 자동차 번호판 하나를 구매하는데 평균 90,000 RMB(한화 약 1,500만 원)가 든다고 한다. 중국에서는 자동차 번호판을 경매를 통해 거래하는데 자동차 수요는 늘고 쿼터는 줄어들면서 자동차 번호판값이 치솟고 있는 상황이다. '8888', '9999'같이 중국인이 좋아하는 숫자로 된 번호판이 몇 억 원에 거래되었다는 뉴스가 해외토픽에 보도되는 것도 이런 이유이다.

개인적으로는 중국에서 직접 운전하는 것을 탐탁하지 않게 생각한다. 도로에서 종종 볼 수 있는 난폭운전, 교통 신호를 아랑곳 하지 않는 전동차/자전거, 부주의한 보행자 등으로 운전 시 신경을 곤두서게 하는 환경도 그렇고 혹시라도 사고가 발생할 경우 못하는 중국말로 처리해야 할 보험, 행정절차가 도저히 감당이 안 되기 때문이다. 물론, 자동차 구매에 따르는 각종 비용도 부담이기도 하려니와 중국의 대중교통이 워낙 저렴하고 편리하다는 것도 이유로 꼽는다.

- **버스**: 도시 안에서 운행되는 시내버스와 도시를 연결하는 시외버스가 있다. 중국의 시내버스는 저렴하기로 유명하다. 내가 거주하고 있는

항저우의 시내버스 요금은 2~3 RMB(340~500원)이고 도시의 규모에 따라 다르지만 대개 1~4 RMB 정도이다. 요금은 현찰, 전자 페이, 교통카드 모두 이용 가능하며 전자 페이와 교통카드를 이용할 경우 할인도 된다. 지저분할 것이라는 편견과 달리 의외로 깨끗하고 운행시간도 꽤 정확하다. 예전에는 버스 안에서 담배 피는 경우도 있었다고 하는데 요즘은 금연이 잘 지켜지고 있다. 듣기로는 관할 기관에서 버스운전 기사를 대상으로 주기적으로 안전/친절 운행 교육을 실시하고 난폭운전을 방지하기 위해 배차시간도 넉넉히 한다고 한다. 그래서인지 횡단보도를 건너는 보행자가 있을 경우 대부분의 버스가 멈춰서 기다린다. 버스 내 안내 방송과 안내 전광판에는 영어 안내가 함께 있어서 중국어를 못하는 외국인이라도 쉽게 이용할 수 있다. 매연 저감을 위한 전기차, 천연가스차가 점점 증가하고 있으며 버스app을 통해 운행정보를 실시간으로 확인할 수 있어서 중국의 시내버스는 여러 면에서 편리하다. 아쉬운 점을 군이 꼽자면 운행시간 제한인데 한국과 같은 밤문화(?)가 없는 탓인지 아침 6 이전이나 저녁 11시 이후에는 운행되는 버스가 거의 없다.

도시에서 도시를 연결하는 시외버스는 고속철도가 계속 확산되면서 점차 줄어드는 추세이다. 하지만 고속철도가 미치지 않는 중소도시나 근거리 이동은 여전히 시외버스가 큰 몫을 하고 있다. 대도시의 경우 동부/서부/남부/북부 시외버스 터미널 하는 식으로 몇 군데로 분산되어 노선과 교통량을 나누어 처리하고 있다. 따라서 시외버스를 이용할 경우 인터넷, App등을 통해 사전에 확인하는 것이 좋다. 요금은 운행 거리에 따라 다른데 동일 거리의 고속철도 요금과 비슷하거나 다소 저렴한 편이며 어림잡아 두 시간 거리에 60 RMB 전후(한화 약 만 원) 정도이다. 워낙 땅덩어리가 넓은 탓에 시외버스의 수준도 차이가 많아서 고급 리무진 버스가 있는가 하면 거부감이 들 만큼 지저분한 버스도 적지 않다. 경험에 비추어볼 때 시내버스의 만족도를 100점 만점에 90점이라면 시외버스의 만족도는 70점 미만이다. 시외버스를 이용할 경우에는 신분증, 외국인의 경우 여권을 지참해야 한다. 발권할 때, 탑승할 때 신분증 검사를 하며 이때 신분증이 없으면 탑승이 거부된다.

- **택시**: 중국 택시의 가장 큰 장점은 역시 저렴한 이용료이다. 중국 택시 문에는 기본요금과 주행 요금 정보가 적혀 있는데 지역과 종류에 따라 다르기는 하지만 기본거리 3km에 11~14 RMB(한화 1,800~2,300원) 주행요금 km당 2.0~2.4 RMB 수준이다. 내비게이션 맵으로 내가 거주하는 집에서 항저우 공항까지 거리를 조회하면 약 32km가 나오는데 일반 택시를 이용할 경우 요금이 약 100~110 RMB(한화 17,000원~18,700원) 수준이다. 현금이나 전자 페이로 지불 가능한데 한국에서 발급한 신용카드는 안 받는다. 차량의 청결 상태는 만족스럽지 않지만 저렴한 요금을 생각하면 받아들일 만한 수준이다. 몇몇 외국인이 바가지요금을 겪었다고 하는데 내가 중국에서 지내는 동안에는 한 번도 경험한 적이 없었다. 중국인과 비슷한 외모 탓일지도 모르겠지만

걱정할 만큼 빈번한 일은 아닌 것 같다. 바가지가 걱정된다면 "我要的票(워야오디퍄오)"라고라고 말하여 영수증을 요구하는 것이 좋다. 택시 대신 디디추싱(滴滴出行)이라는 차량 공유 서비스를 이용하는 경우도 있다. 택시보다 저렴하게 이용할 수 있어서 사용자가 많았으나 디디추싱을 이용한 여성 승객이 살해를 당하는 등 사고가 잇따르면서 주춤하는 모습이다. 성장일로에 있던 디디추싱은 이와 같은 사고로 인해 2019년에는 전체 직원의 25%인 3,000여 명을 감원한다고 한다.

- **자전거, 전동차, 평형차**(平衡车): 중국에 와서 느꼈던 생소함 중의 하나가 자전거 전용도로이다. 시내도로 대부분에는 자전거와 전동차가 다니는 전용 도로가 자동차 도로와 나란히 있다. 자동차가 널리 보급되기 이전부터 자전거는 중국의 대표적인 근거리 교통수단이었는데 출퇴근 시간에 끝도 없이 이어지는 자전거, 전동차 행렬을 쉽게 볼 수 있었다고 한다.

2014년, OFO, MOBIKE 같은 공유 자전거 업체가 등장하면서 중국에서는 자전거 문화가 바뀌고 있다. 자전거 마니아를 위한 고급 자전거와 아동을 위한 어린이용 자전거 수요는 여전하지만 일반 자전거는 이제 '소유'를 넘어 '공유'가 대세이다. 이제는 자전거가 필요하면 길거리에 세워진 공유 자전거를 손쉽게 이용할 수 있다, 스마트폰에 App만 깔려 있으면 언제든지 이용할 수 있는데 전용 App 또는 위챗페이로 이용요금을 지불하면 된다. 보증금으로 200 RMB를 예치해 놓아야 하는데 이는 탈퇴 시 환불 받을 수 있다. 최근 기준으로 사용 요금은 30분에 1 RMB인데 사업 초기 경쟁업체들이 등장했을 때는 30분에 0.3 RMB짜리도 있었고 100 RMB를 충전하면 20 RMB를 더 주는 업체들도 있었다.

공유 자전거에 부착되어 있는 QR 코드를 스마트폰으로 스캔 하면 잠금 장치가 풀리면서 사용이 가능하게 되며 사용 종료 시 잠금 장치를 잠그면 사용시간이 자동 계산되면서 비용이 자동 결제된다. 공유 자전거는 지하철을 이용한 후 역에서 집까지 갈 때, 학교/회사에 출퇴근할 때, 운동 삼아 동네를 달릴 때 등 때와 장소를 제한 받지 않고 이용할 수 있는 장점이 있다. 이러한 편리함 때문에 도입된 이후 사업이 폭발적으로 성장하고 경쟁업체들도 우후 죽순처럼 생겨났다.

그러나 공유 자전거 사업이 도입 후 얼마 되지 않아 부작용이 나타나기 시작했다. 과도하게 공급된 공유자전거를 사용자가 무분별하게 이용하다 보니 공유 자전거가 보행자나 차량의 흐름을 막을 정도로 된 것이다. 또한, 시장을 선점하기 위한 업체들이 과도한 경쟁 때문에 수요의 몇 배나 되는 물량이 시장에 공급되었는데 사후 관리가 제대로 이루어지지 못해 무질서와 자원낭비라는 사회적 비판이 거세게 일어났다. 과다 경쟁으로 인한 수익 악화로 대다수의 업체가 파산하기도 했는데 이 과정에서 거래업체에 지불해야 할 대금을 갚지 못하거나 사용자가 돌려받기로 되어있던 보증금을 받지 못하는 등 사회적 문제가 발생했다. 2019년 기준으로 MOBIKE 외에 일부 업체만이 계속 운영 중이다.

스쿠터를 중국에서는 띠엔동(电动)이라 부르는데 길거리에서 쉽게 볼 수 있다. 한국에서는 내연기관이 달린 오토바이를 연상하지만 중국의 띠엔동은 대부분 전기배터리로 운행된다. 외국인도 관련 서류(여권, 거류증, 주숙 등기)와 돈만 있으면 별도의 면허가 없어도 구입할 수 있어서 인기가 많다. 디자인, 주행거리, 배터리 용량, 최고 속도 등에 따라 2,000 RMB(한화 34만 원)대의 저렴한 모델서부터 10,000 RMB(한화 170만 원)대의 고급 모델까지 다양하다. 중국에서 전기요금은 매우 저렴하기 때문에 유지비도 적게 든다.

띠엔동은 여러 장점이 있지만 사실 골칫거리 중의 하나이다. 교통사고의 상당수가 띠엔동과 관련되었는데 시속 40km 이상의 빠른 속도를 낼 수 있고 전기로 구동되기 때문에 바로 옆에 와도 모를 정도로 조용해서 보행자 사고가 많이 일어난다. 일반 차도와 자동차 도로를 넘나들며 운전하거나 교통 신호를 무시하고 운전하는 경우도 많아서 자동차 사고도 많이 일어난다. 늘어나는 택배와 음식배달 수요로 길거리를 돌아다니는 띠엔동의 수는 더욱 늘어나고 있고 운전 중에도 스마트폰을 보는 '띠토우주(低头族, 고개 숙여 자신의 스마트폰만 바라보는 사람)'가 많아서 사고 위험이 높다. 안전도구 하나 없이 도로와 인도 사이를 마구 다니는 띠엔동을 보면 걱정되고 짜증도 나지만 조그만 띠엔동에 3~4명이 타고 곡예 운전하는 듯한 광경을 보다 보면 경이로운 느낌마저 들 때가 있다.

편리한 도로 교통수단이면서 안전을 위협하는 또 다른 것이 바로 평형차(平衡车)와 에어휠(电动独轮车)이다. 젊은이들을 중심으로 인기를 끌면서 일반 거리에서도 자주 볼 수 있게 되었다. 띠엔동보다 더 저렴하고 휴대할 수 있는 장점이 있지만 주의해서 운전하지 않으면 크고 작은 사고를 유발하게 된다.

2 궤도 교통

- **지하철**: 중국의 빠른 경제 성장과 도시화에 힘입어 발전한 중국 지하철은 그 수와 길이, 운송객 수에서 세계 1위이지 않을까 한다. 중국판 구글이라 할 수 있는 바이두에서 검색한 결과에 따르면 중국의 지하철은 2018년 10월 기준으로 총 36개 도시에 170개 노선, 운행거리 5,395km라고 한다. 중국의 지하철 건설은 '현재 진행 중'이라 조사하는 시점마다 업데이트를 해야 할 정도로 계속 늘어나고 있다. 내가 살고 있는 항저우만 하더라도 2014년 도착 당시에는 1개 노선이었지만 현재는 3개 노선이 운영되고 있으며 앞으로 9호선까지 건설할 계획이라고 한다

도시	개통일시	노선 수	운영거리
베이징	1971-1-15	21	628
상하이	1993-5-28	14	639
광저우	1997-6-28	14	478
홍콩	1979-10-1	11	264
우한	2012-12-28	11	305
난징	2005-9-3	10	378
선전	2004-12-28	8	285

타이베이	1996-3-28	7	121
총칭	2011-7-28	7	215
텐진	1984-12-28	6	215
청두	2010-9-27	6	226
시안	2011-9-16	4	127
쿤밍	2012-6-28	4	89
대련	2015-5-22	4	154
칭다오	2015-12-16	4	172
까오슝	2008-4-7	3	51
쑤저우	2012-4-28	3	121
항저우	2012-11-24	3	118
정저우	2013-12-28	3	95
선양	2010-9-27	2	60
하얼빈	2013-9-26	2	23
창사	2014-4-29	2	50
닝보	2014-5-30	2	75
우시	2014-7-1	2	56
난창	2015-12-26	2	48
난닝	2016-6-28	2	53
허베이	2016-12-26	2	52
스좌장	2017-6-26	2	30
창춘	2017-6-30	2	39
불산	2010-11-3	2	32
후저우	2010-11-3	1	25
동관	2016-5-27	1	38
타오위안	2017-3-2	1	51
구이양	2017-12-28	1	34
샤먼	2017-12-31	1	30
우르무치	2018-10-25	1	17
총 36 개 도시		170	5,395

지역별로 이용요금에 차이가 있고 최근 몇 년 사이에 올랐다고는 하지만 보통은 기본요금 4 RMB(한화 약 700원)에 운행거리에 따라 증가하여 극히 예외적인 경우를 제외하면 최대 10 RMB(한화 1,700원) 수준이다. 지하철역에서 1회용 카드를 구입하거나 교통카드, 전자 페이로 지불하여 이용할 수 있다. 지저분할 것이라는 선입견과는 달리 지하철 역사, 차량 모두 현대적이고 깨끗하게 관리되고 있다. 1선 도시들을 제외하면 대부분 도시들의 2010년도 이후에 지하철을 개통해서 이제는 지하철 인접여부가 부동산 가격에 영향을 미칠 만큼 중요한 요소가 되었다.

중국 지하철은 안전하고 편리하며, 깨끗하고 저렴하여 여러 면에서 만족스럽지만 두 가지 아쉬운 점이 있다. 첫째는 러시아워 때의 수많은 인파이다. 더욱이 지하철을 탈 때에도 공항같이 보안검사를 하기 때문에 더욱 혼잡하다. 원래 인구수가 많다 보니 어쩔 수 없는 부분이지만 옴짝달싹 못할 정도로 사람으로 꽉 들어찬 차량 안에서 불쾌한 냄새를 맡게 될 때의 짜증이란 이루 말할 수 없다. 둘째는 짧은 운행시간이다. 새벽이나 밤늦게도 운행하는 서울 지하철에 익숙해진 탓인지 저녁 11시면 끊기고 다음날 새벽 6시 이후에나 운행을 시작하는 중국 지하철이 다소 아쉽게 느껴진다.

- **고속철도, 일반 철도**: 중국은 전역에서 베이징 표준시간을 사용한다. 하지만 미국처럼 지역에 따라 표준시간을 달리한다면 중국도 동쪽 끝과 서쪽 끝은 4시간의 시차가 생긴다. 그만큼 중국의 국토는 넓게 퍼

져있다. 식상하겠지만 중국을 언급할 때면 국토의 크기를 빼놓지 않을 수 없다. 넓은 국토 때문에 철도 부문에서도 중국의 규모는 타의 추종을 불허한다. 중국은 세계 최대의 고속철도 운영국가이며 중국 내 대부분의 대도시는 고속철도로 연결되어 있다. 까오티에(高铁)라 불리는 중국의 고속철도는 최대 시속 250~350km로 운행되고 있는데 이것도 부족하다 하여 현재 개발 중인 차세대 열차는 시속 600km 시험운행을 성공하였다고 한다.

외국인이 철도를 이용하려면 중국 철도 홈페이지나 전자 페이를 이용하면 된다. 외국인은 중국 어디를 가나 여권을 소지해야 하며 철도 예약, 발권 시에도 항상 여권을 확인하기 때문에 본인 티켓이 아니면 탑승이 불가하다. 좌석 등급은 비지니스석/1등석/2등석으로 구분되어 있으며 등급에 따라 2~3배 가격차이가 난다. 아래 중국 철도 홈페이지에서 캡처한 상하이-베이징 편도 운행정보(일부)를 보자. 장거리 운행일 경우 경유지에 따라 소요시간에 차이가 있어서 G12 열차의 경우에는 4시간 38분이 소요되며 G132 기차는 6시간 15분이 소요된다. 가격은 G12 기차 기준 비즈니스석이 1,762.5 RMB(한화 295,000원), 일등석이 939 RMB(한화 155,000원), 이등석이 558 RMB(한화 94,000원) 수준이다. 품질을 비교하자면 비즈니스석은 항공기의 비즈니스 클래스와 비슷하고 이등석은 KTX의 일반석과 비슷하며 일등석은 그 중간 정도라 할 수 있다. 베이징-상하이 간 거리가 대략 1,200km가 넘는데 이 정도 비용과 소요시간이 적절한지에 대한 판단은 독자에게 맡기겠

车次	出发站 到达站	出发时间▲ 到达时间▼	历时	商务座 特等座	一等座	二等座
G12	上海 北京南	12:00 16:38	04:38 当日到达	9	有	有
				¥1762.5	¥939.0	¥558.0
G132	上海虹桥 北京南	12:17 18:32	06:15 当日到达	17	有	有
				¥1748.0	¥933.0	¥553.0

중국 고속철도 베이징–상하이 기차 편 예시

다. 고속철도 이용객이 많아서 특히 주말에는 예약을 미리 하지 않으면 표를 구하기 힘들고 춘절, 국경절 같은 장기 휴가 시즌에는 별도의 예약기간을 운영하기도 한다.

철도 현대화 정책에 따라 기존의 철도는 계속해서 고속철도로 바뀌고 있다. 하지만 아직 고속철도가 닿지 않는 소도시나 오지에는 기존 철도차량이 운행되고 있다. 운행시간이 12시간은 보통이고 하루를 넘기는 일정도 있어서 침대차가 제공된다. 예를 들어 항저우에서 하얼빈 가는 기차가 하루에 두 편 있는데 소요시간은 각각 26시간, 36시간이며 1등 침대차가 762 RMB(한화 약 13만 원), 일반 좌석이 286 RMB(한화 약 5만 원) 수준이다. 깨끗하게 관리되는 고속철도 객실에 비하여 일반 철도의 객실 상태는 좋지 못하지만 운임이 낮아서 아직 적지 않은 수의 서민들이 일반 철도를 이용하고 있다.

3 수상교통

중국의 자료에 따르면 중국에는 약 6,500여 개의 섬이 있다. 이들 섬을 연결하는 배편이 있긴 하겠지만 수상교통은 그리 대중적이지 못하다. 한국의 인천항, 평택항과 중국 웨이하이, 칭다오, 텐진 옌타이 등을 연결하는 국제 여객선이 있긴 하지만 일주일에 두세 편 운영되고 소요시간도 하루를 넘기거나 최소 14시간이 걸려 일명 보따리 장사라고 불리는 소규모 무역업자, 여행객 등이 이용할 뿐이다. 황허 강, 양쯔 강같이 중국 내륙 깊은 곳까지 이어진 강과 베이징에서 항저우까지 이어져 총 길이 1,737km로 세계 최장이라는 경항운하 등 내륙 수상 교통은 주로 화물 운송이 주목적이며 일부 관광용 유람선을 제외하면 대중교통으로서는 크게 알려진 바 없다.

4 항공

중국은 4개 직할시(베이징, 상하이, 충칭, 텐진), 23개의 성(산시, 허베이, 산둥, 저장, 광둥, 하이난, 랴오닝, 지린, 간쑤, 윈난 등), 5개의 자치구(내몽골, 광시, 닝샤후이, 신장위구르, 티베트), 2개 특별 행정구(홍콩, 마카오)로 행정구역이 구분되어 있는데 각 행정구역별로 최소 1개 이상의 국제공항이 있다. 연간 이용객 수를 기준으로 한 중국의 10대 공항은 아래와 같다.

순위	행정구역	공항명	공항표기	연간 이용객(2017)
1	베이징	베이징 서우두공항	PEK	95,786,296

2	상하이	상하이 푸동공항	PVG	70,001,237
3	광동성	광저우 바이윈공항	CAN	65,806,977
4	쓰촨성	청두 공항	CTU	49,801,693
5	광동성	선전공항	SZX	45,610,651
6	윈난성	쿤밍공항	KMG	44,727,691
7	상하이	상하이 홍차오공항	SHA	41,884,059
8	싼시성	시안공항	XIY	41,857,229
9	총칭	총칭공항	CKG	38,715,210
10	저장성	항저우공항	HGH	35,570,411

현재 중국에서는 4대 중국 항공사 (중국항공, 동방항공, 남방항공, 해남항공)와 20
여 개의 지역 항공사가 운영 중이다. 한국과 중국을 오가는 여행객이 워낙
많아 인천, 김포, 부산, 제주, 대구, 청주, 무안 공항에서 중국행 비행기를 탈
수 있다. 항공료 운임이야 워낙 변수가 많아 금액을 특정하기는 어렵지만 이
용객과 항공편이 가장 많은 인천(김포)-베이징 왕복, 인천(김포)-상하이의 경
우 20만 원 중반에 구입할 수 있다. 다만, 같은 일정이라도 한국-중국 왕복의
경우와 중국-한국 왕복 항공료가 달라서 한국에서 출발하는 항공료가 대부
분 저렴하다.

중국에서 항공편을 이용할 경우 가장 아쉬운 점은 항공기 지연에 대한 문
제이다. 기상 사정으로 인한 지연이야 어쩔 수 없지만 너무 자주 지연된다.
국제선은 국내선에 비해서 그나마 나은 편이다. 중국 현지인들에게 물어보
면 항공기 이용이 많아 항로가 항상 정체되고 군사훈련 이유로 자주 통제되
기 때문이라고 한다. 최대한 양보하여 그런 이유를 받아들인다 하더라도 항
공사나 공항 측에서는 지연에 대한 적절한 안내와 이용객 편의 제공을 해야

정상이겠지만 현장에서 공지 한 번 하고 그냥 나 몰라라 하는 경우가 많다. 한국 같으면 고객들이 벌써 들고 일어났을 것 같은데 중국은 그러려니 하며 별다른 항의가 없는 것도 놀라운 대목이다. 이런 이유로 장거리라도 중국 국내 출장은 웬만하면 고속철도를 이용하는 편이다. 주행시간이야 당연히 항공편이 짧지만 출입 수속, 보안검사에 따르는 긴 대기시간과 빈번한 지연으로 속을 썩이느니 차라리 정시 운행하는 고속철도가 마음 편하기 때문이다.

중국에서 먹고 사는 법

혹시 중국에서는 의자 빼고는 다 먹는다는 속담을 들어본 적이 있는가? 중국 특유의 허세가 느껴지지만 그만큼 먹거리가 많다는 이야기다. 흔히 중국에는 4대 요리가 있다고 한다

—— 쓰촨 요리: 중국 내륙 음식을 대표. 맵고 향신료를 많이 쓴다. (예: 마파두부)

—— 베이징 요리: 중국 북부 음식을 대표. 궁중 요리의 영향을 받았다. (예: 베이징 오리구이)

—— 광둥 요리: 중국 남부 음식을 대표. 외국 음식의 영향을 받아 달달하다. (예: 딤섬)

—— 상하이 요리: 바다와 가까워 해산물 요리가 많다. (예: 게 찜)

그러나 대도시에 사는 외국인으로서는 솔직히 잘 모르겠다. 중국 전역을 다 돌아본 것은 아니라서 섣불리 이야기하기는 힘들겠지만 출장을 다니면서 먹어본 음식은 대부분 비슷해서 식재료가 다른 데서 오는 맛의 차이 정도만

느껴졌다. 물론 중국 음식이 가진 기본적인 특징은 있다.

—— 대부분 기름기가 많다.

—— 날 음식이 없다. 볶거나, 찌거나, 삶거나, 튀겨서 나온다.

—— 더운 여름에도 뜨거운 물을 마신다. 찬물을 주문하는 사람은 아마도 외국인일 것이다.

—— 독특한 향이 있다. 고수(샹차이)나 생강을 많이 쓰는 탓인 것 같다

베이징, 상하이, 항저우 같은 대도시에는 비슷비슷하게 생긴 쇼핑몰에 다양한 음식점들이 들어차 있어서 어디를 가더라도 큰 차이를 느끼지 못했었다. 물론, 내가 맛에 예민한 미식가가 아니라서 그렇겠지만 말이다.

중국 식당에 가면 한자로 써진 메뉴에 아마 난감할것이다. 5년 정도 살아보니 눈치가 많이 늘어서 식당에 가더라도 음식 주문에 큰 문제는 없다. 내가 깨달은 방법은 이렇다. 사실, 중국 음식 메뉴는 일종의 조합된 단어이다. 즉, 요리 재료, 요리 방법, 음식 형태, 맛, 요리 형태 등을 조합한 것으로 생각하면 되는데 아래와 같이 구분할 수 있다.

—— 요리 재료별
돼지고기 猪(zhū), 소고기 牛(niú), 양고기 羊(yáng), 닭고기 鸡(jī), 오리고기 鸭(yā), 생선 鱼(yú), 새우 虾(xiā), 게 蟹(xiè), 오징어 鱿鱼(yóuyú), 조개 蛤(gé), 계란 鸡蛋(jīdàn), 쌀 米(mǐ), 감자 土豆(tǔdòu), 청경채 青菜(qīngcài), 배추 白菜(báicài), 고수 香菜(xiāngcài), 부추 韭菜(jiǔcài), 가지 茄子(qiézi), 양파 洋葱(yángcōng) 생강 姜(jiāng) 등

—— 요리 방법

볶음 炒(chǎo), 튀김 炸(zhá), 굽기 烤(kǎo), 조림 烧(shāo), 부침 煎(jiān), 찜 蒸
(zhēng), 삶음 煮(zhǔ), 푹 고아냄 炖(dùn) 등

—— 음식 형태

밥 饭(fàn), 면 面(miàn), 국/탕 汤(tāng), 만두 饺(jiǎo), 부침개 饼(bǐng), 빵 包
(bāo), 죽 粥(zhōu)

—— 맛

얼얼한 맛 麻(má), 매운맛 辣(là), 단맛 甜(tián), 짠맛 咸(xián), 신맛 酸(suān), 담백
한 맛 淡(dàn)

—— 음식형태

깍두기 모양 丁(dīng), 납작한 판처럼 썬 모양 片(piàn), 면발처럼 채로 썬 모양 丝
(sī), 돌돌말이 卷(juǎn), 덩어리 块(kuài) 경단처럼 둥근 모양 丸(wán)

이런 단어들을 조합하면 요리 이름이 된다. 예를 들어 北京烤鸭는 베이
징(北京)식 오리(鸭) 구이(烤)이고 鸡蛋炒饭 계란볶음밥, 麻辣汤은 말 그대
로 얼얼하고 매운 탕, 白菜猪肉煎饺 배추 돼지고기 부침만두 라는 요리다.
조금 많아 보일 수도 있지만 중국어를 조금만 익히면 충분히 조합을 만들 수
있다. 메뉴에서 찾지 못하더라도 이런 식으로 단어를 조합해서 주문하면 알
아듣는다. 중국 생활의 지혜 중 하나가 바로 눈치와 뻔뻔함 아니겠는가?

이것도 어렵다면 정말 간단한 방법이 있다. 스마트폰으로 QR code를 읽
는 것이다. 요즈음은 중국에서도 인건비를 줄이기 위해 종업원을 대폭 줄이
고 대신 전자주문, 전자결제를 도입한 식당이 많아졌다. 특히 대형 식당들이
선도해서 도입하고 있는데 전자 메뉴에 있는 그림을 참조하고 주문 수량을

클릭하면 주방으로 주문되고 나중에 계산도 자동으로 된다.

중국 식당에서 외식을 하는데 드는 비용은 한국에 비해 약간 저렴한 편이다. 기본적으로 식재료(곡물, 채소, 고기, 과일 등)가 저렴하기 때문이다. 米饭(맨밥)은 한 그릇에 2~3 RMB(한화 340~500원), 집 근처에 있는 조그만 분식점에서 볶음밥이나 소고기 국수를 먹는다면 대략 20~30 RMB(한화 3,400~5,000원) 정도이다. 하지만 쇼핑몰에 있는 현대식 식당에서 4인 가족이 배불리 먹으려면 400~500 RMB(한화 68,000~75,000원) 정도는 되어야 한다. 한국에서처럼 기본 반찬이 나오는 것이 아니라 모든 요리를 별도로 주문해야 할뿐더러 대도시의 쇼핑몰 물가가 한국과 거의 비슷하기 때문이다. 어쩌다 중요한 고급 식당에서 술과 함께 푸짐한 식사를 할 경우 한국 돈으로 수십만 원이 나오기도 한다.

중국 음식이 입에 맞지 않으면 다른 음식을 고르면 된다. 중국에서도 맥도날드, KFC, 버거킹 같은 패스트푸드점은 흔히 볼 수 있다. 현지 입맛에 맞도록 개발된 로컬 메뉴도 있지만 빅맥, 와퍼 같은 오리지널 메뉴는 그 맛 그대로다. 가격은 빅맥세트가 50 RMB(한화 8,500원) 정도로 다른 중국 음식가격에 비해 비싸게 느껴진다. 한국 드라마와 K pop의 영향 때문인지 아니면 한국 여행자나 유학생의 영향 때문인지 한국 음식점도 많아진 것 같다. 한국 외식 프랜차이즈가 들어오거나 한국인 자영업자가 하는 경우가 일반적인데 이런 곳의 맛은 한국에서의 맛과 거의 동일하다. 다만, 가격이 한국에 못지않게 비싸다. 중국인이 하는 한국식 식당도 여럿 있는데 이곳의 음식은 중국 맛이 느껴지는 일종의 퓨전 음식이 많다. 이외에도 서양이나 일본, 인도 등 여러 나라 음식을 제공하는 전문 식당들이 도시 곳곳에 있다. 앞서 설명한 바와 같이 중국에는 먹거리가 정말 풍부하다. 중국이란 거대한 시장에서는 비단 중국 음식뿐만이 아니라 전 세계의 다양한 음식을 맛볼 수 있다.

다음으로 마실 것에 대해 이야기 해보자. 중국에서도 술만 전문으로 파는 바(酒吧, Bar)가 있긴 하지만 한국만큼 술집이 많지는 않은 것 같다. 많은 경우 일반 요리점에서 술을 같이 마시기 때문이다. 중국인들이 즐기는 술은 일일이 다 헤아릴 수 없을 만큼 다양하며 크게 세 종류로 구분할 수 있는데 맥주와 중국 전통술인 바이주(白酒), 황주(黃酒)이다.

대표적인 중국 맥주 브랜드로는 한국에도 잘 알려진 칭다오(靑岛) 맥주, 중국에서는 칭다오보다 더 많이 팔리는 쉐화(雪花) 맥주, 중국 최초의 맥주라는 하얼빈(哈尔滨) 맥주, 베이징에서 생산되는 옌징(燕京) 맥주 등이 있다. 슈퍼마켓에서 500ml 한 병에 3~4 RMB(한화 500~680원) 정도이며 식당에서는 10 RMB 정도에 판매하는데 몇 년 사이에 조금씩 계속 오르는 것 같다. 친구나 직장 동료들끼리 갖는 가벼운 저녁 식사, 중국판 노래방인 KTV 등 거의 대부분 자리에서 부담 없이 마시는 술이라 하겠다. 거나하게 취하고 싶을 때는 바이주를 마시는데 한국의 소주처럼 투명한 증류주이다. 알코올 도수는 훨씬 높아서 보통은 40도 정도지만 독한 술은 70도가 넘는다. 한국에서도 유명한 마오타이, 수정방 같은 술이 모두 바이주의 일종이다. 독특한 향과 입 전체를 청량하게 하는 맛과 다음날 숙취가 적은 것이 특징이다. 황주는 백주와 달리 색을 띠는 술로 넓게 이야기하자면 중국 전통술 중 백주를 제외한 색

깔이 있는 나머지 술을 통칭한다. 한국의 청주나 일본의 사케와 비슷하다 할 수 있는데 그 종류는 훨씬 많다. 쌀, 기장, 옥수수 등의 곡물에 생강이나 각종 약재를 첨가해 만든다고 하며 그래서인지 약간 달짝지근하고 어떤 것은 한약을 마시는 느낌이다. 도수는 바이주에 비해 많이 낮은 편이다.

애주가라면 중국 술 종류에 대해서만 이야기하더라도 하루가 모자랄 만큼 중국에는 다양한 술이 있다. 술의 가격도 그 종류만큼 다양하다. 마트에 가면 한 병에 10 RMB 미만의 술을 얼마든지 발견할 수 있지만 마오타이나 우량예 같은 고급 술은 면세점에서도 한 병에 1,000 RMB 이상이다. 한정판으로 나온 일부 마오타이는 부르는 게 값일 정도로 비싸다. 중국의 생활수준이 높아지고 서구식 음식문화가 점차 확산되면서 중국에서도 포도주를 마시는 소비자들이 늘어나고 있다. 해외에서 수입되는 포도주 외에 중국에서 자체 생산하는 포도주도 의외로 많다. 가격은 중국 대중 술에 비해 약간 비싸 저렴한 중국산 포도주라도 한 병에 100 RMB 정도는 지불해야 한다.

중국에서 마실 것을 이야기하는데 차(茶)를 빼놓을 수 없겠다. 하지만 중국의 차를 설명하려면 별도로 공부해야 할 만큼 그 역사와 내용이 많으니 여기서는 몇 줄 언급만 하겠다. 한국과 중국의 일상 생활을 비교해 볼 때 명확한 차이지만 아주 작은 부분이라 쉽게 찾기 힘든 것이 있는데 그중 하나가 보온병을 들고 다니는 문화이다. 한국에서는 분유를 먹는 유아가 있는 경우가 아니라면 보온병을 소지하는 경우가 많지 않을 텐데 중국에서는 많은 이들이 보온병을 들고 다닌다. 여기에는 자신들이 좋아하는 차가 담겨 있는데 녹차, 국화차, 우롱차, 보이차, 홍차 등 종류도 다양하다. 더운 여름에도 따뜻한 물을 마시는 중국 문화의 영향인지 아니면 중국차를 워낙 좋아해서인지는 잘 모르겠다. 다만, 중국에서 지내다 보니 나도 차 마시는 것을 좋아하게 되어 요즘에는 커피 못지않게 차를 즐기고 있다. 내가 살고 있는 항저우는 특히 녹차 산지로 유명해서 여기서 생산되는 서호 롱징차는 차 애호가들의 필수 리스트 중 하나이다. 가격도 매우 다양해서 100g 한 통에 500 RMB가 넘는 최고급차도 있지만 20~30 RMB로 살 수 있는 차도 많다. 끓는 물의 온도, 차를 우려내는 시간, 도기에 따라 맛이 다르다고 하니 중국에 머무는 동안 많이 즐겨보기 바란다.

스타벅스로 대표되는 커피 문화가 젊은이들을 중심으로 중국 전역으로 퍼지고 있다. 고급 인테리어와 편안한 분위기, 커피로 대표되는 외국 문화를 향유하려는 소비자들이 늘어나고 있는데 아직까지는 에스프레소 같은 본연의 커피 맛보다는 설탕과 크림이 많은 라테류가 더 인기 있다. 한 잔에 25~30 RMB 이상이라 중국 물가에 비하면 꽤 비싼데도 장사가 잘되는걸 보면 신기하기도 하다.

나이차(奶茶)는 젊은 층, 특히 젊은 여성 소비자들에게 절대적인 지지를 받는 음료수다. 홍차 베이스에 각종 과일, 쩐쥬(珍珠, 진주같이 생긴 전분 알갱이), 젤리, 푸딩 등으로 맛을 낸 퓨전 밀크 티이다. CoCo(都可), 이디엔디엔(1点点), 헤이롱탕(黑泷堂) 등 여러 브랜드가 있으며 달달한 밀크 티에 쫀득쫀득한 쩐쥬 알갱이 씹는 맛이 묘한 중독성을 만들어 자주 마시게 된다. 부담되지 않는 가격(한잔에 10~15 RMB 정도)은 덤이지만 설탕이 많이 있어서 다이어트에는 큰 적이다.

한국이 배달(?)의 민족이라는 광고를 본 적이 있다. 하지만 최근 1~2년 사이에 중국에서 일어난 음식 배달 사업을 보면 배달의 민족이란 타이틀을 이젠 중국이 차지하지 않을까 싶다. 메이투안(美团), 으어러머(饿了么) 같은 배달 App은 앞에 설명한 음식 대부분을 배달해서 먹을 수 있게 해준다. 이들 배달앱을 한번 써 보면 그 편리함 때문에 계속 사용하게 된다. 배달료도 매우 저렴해서 건당 4~5 RMB 정도이다.

중국 생활의 최대 즐거움은 역시 쇼핑

시장을 이용하는 방법은 한국과 비슷하다. 일상 생활용품은 동네 슈퍼마켓인 챠오시(超市)나 까르푸(家乐福)같은 대형 마트에서 구입한다. 한때, 중국에서 이마트나 롯데마트 같은 한국계 마트를 볼 수 있었지만 지금은 다 철수했으며 우메이(物美), 리엔화(联华) 같은 중국계 마트가 대부분이다. 전체적인 물가는 한국에 비해 저렴하며 특히 주식인 쌀(10kg 한 포에 약 80 RMB), 국수(1kg에 약 10 RMB), 라면(1팩 5개에 약 15 RMB), 돼지고기(1근, 500g에 10 RMB), 옥수수 식용유(4L에 약 50 RMB), 생수(500ml 한 병에 2 RMB) 등은 확실히 싸다. 일상생활에서 자주 쓰는 세탁 세제, 휴지, 샴푸 등도 마찬가지다. 물품을 카트에 가득 담더라도 계산서에 찍히는 가격이 한국 돈으로 5만 원 정도 금액이 나올 때면 속으로 '역시 중국에 오길 잘했어'라는 생각을 하곤 한다. 다만, 수입 분유, 치즈, 위스키 등 해외 수입 제품들은 한국과 비슷하거나 더 비싼 경우도 있다.

채소, 과일, 생선 등 신선 식품에 대해서는 여전히 전통 시장을 선호한다. 전통 시장은 새벽 6시부터 영업을 시작하는데 가격도 저렴하고 신선해서 아침 일찍부터 시장을 찾는 사람들이 많다. 자동차, 가구, 조명등 같이 사용 목적이 명확한 제품은 전문 업체들이 밀집되어 있는 전문 상가를 이용하는데 다양한 제품을 비교하면서 구매할 수 있어서 좋다.

하지만 모든 시장의 최종 보스는 바로 온라인 쇼핑이다. 구입할 수 있는 거의 모든 상품을 갖춘 타오바오(淘宝), 징동(京东) 같은 온라인 쇼핑몰은 언제 어디서든지 물건을 구입할 수 있게 해준다. 전자 페이에서 설명한 바 있는 알리페이가 원래는 알리바바가 운영하는 타오바오의 e-머니였다고 한다. 광군제(光棍节)인 매년 11월 11일은 물건을 싸게 살 수 있는 좋은 기회인데 중국은 물론 일본, 미국, 한국 등 전 세계에서도 주문이 몰려든다고 한다. 행사 10년째를 맞았던 2018년에는 광군제 기간에 타오바오가 2,135억 RMB, 징동이 1,598억 RMB의 매출을 올렸다고 한다. 두 회사가 올린 매출만 하더라도 한화로 약 63조 원이라 하니 정말 모든 시장의 끝판왕이라 아니할 수 없다. 한국인 동료 중의 한 명은 중국 생활의 재미 중 하나로 타오바오 이용을 꼽기도 하였다.

계좌 개설과 휴대전화 개통으로 어엿한 중국 생활자 되기

중국에서 취업증을 가지고 있는 사람이라면 모두가 중국 현지 은행 계좌가 있을 것이다. 은행 계좌 없이는 사실상 경제활동이 불가능하기 때문이다.

중국 회사에 근무한다면 급여 계좌 개설을 해야 하는데 회사의 특별한 사유가 없는 한 중국 5대 은행이라 하는 중국공상은행, 중국건설은행, 중국은행, 중국농업은행, 교통은행 중 하나를 지정한다. 초상은행, 평안은행 같은 민간은행이나 상하이은행, 항저우은행 같이 지역을 거점으로 하는 지방은행도 많지만 중국 정부가 소유한 국유은행이 여러모로 유리하다. 이들 5대 은행은 한국에도 지점이 있다는 점(교통은행 제외)도 장점이다. 한국계 회사의 주재원이나 한국 거래가 많을 경우 우리은행, KEB하나은행, 신한은행 등 한국계 은행의 중국 지사를 이용하는 것도 고려할 만하다. 예전에는 한국계 은행과 전자페이를 연결하는데 제한이 있었다고 하는데 요즘에는 좋아졌다고 한다.

일단, 계좌 개설을 위해서는 여권, 취업증, 거류증, 핸드폰을 가지고 영업점에 방문해야 한다. 2017년부터는 은행 계좌 개설 요건이 까다로워져서 발급이 거부될 수 있으니 회사에서 발급한 재직증명서, 명함도 함께 준비하며 가급적 통역과 같이 방문하는 것이 좋다. 빠뜨리지 말아야 할 점은 은행계좌를 개설한 지점명을 본인이 꼭 기록해야 한다는 점이다. 나중에 계좌이체 등 금융거래를 할 때 은행뿐만 아니라 개설 지점 정보를 입력해야 하는 경우도 많기 때문이다. 중요한 점 또 하나는 계좌 소유주 이름이다. 아시다시피 한국인의 여권에는 이름이 한국어와 영어로 표기되어 있고 한자는 없다. 그래서 계좌 개설 시에 영어로 이름을 쓰는데 본인 실수 또는 직원 실수로 성(Family name)과 이름(Given name)이 바뀌거나 이름 사이에 띄어쓰기가 들어가거나 빠지거나 하면 나중에 계좌를 못 찾거나 전자 페이를 개설하지 못하는 등의 문제가 생긴다. 예를 들어 여권에 기록된 이름이 KIM EUNGSAM으로 되어 있는데 은행 계좌명은 실수로 이름 사이에 공백이 추가되어 KIM EUNG SAM으로 되어 있다거나 서양식 표기법을 따라 성과 이름의 순서가 바뀌어 EUNGSAM KIM으로 되어 있으면 골치 아프게 된다.

은행 계좌가 개설되면 직불카드가 만들어진다. 한국 같은 종이 통장은 없고 아직은 예치금과 거래 실적이 없기 때문에 신용 카드 발급도 안 된다. 직불카드와 전자 페이만으로도 중국 내 금융거래는 문제가 없기 때문에 구태여 신용 카드를 만들 필요는 없을 듯하다. 보안 토큰도 같이 발급되는데 내부 배터리가 좋은 건지 5년이 지난 지금까지도 교체가 없었다. 2년도 안 되어 방전된 한국의 보안 토큰과는 사뭇 비교된다.

계좌 개설 시 은행에서 인터넷 뱅킹과 모바일 뱅킹 사용방법을 함께 확인하는 것이 좋다. 인터넷 뱅킹을 이용하면 5,000 RMB 미만의 금액은 타 은행 송금 시 수수료가 없다. 인터넷 뱅킹은 중문/영문을 지원하지만 모바일 뱅킹은 중문만 지원 되는 것이 대부분이다. 한국에 특별히 송금할 필요가 없을 경우에는 회사 급여가 중국 위엔화로 쌓이게 되는데 큰돈은 아니더라도 가만히 놔두기에는 아까운 기분이 든다. 하지만 잘 모르는 주식시장에 투자할 수도 없고, 부동산에 투자할 만큼 큰돈은 아니고, 한국에 있는 은행에 넣어두기에는 금리도 낮고, 환율도 안 좋다는 등의 이유로 고민이 된다. 이럴 때에는 속 편하게 중국 은행에서 펀드를 이용하는 것도 방법이다. 수익률은 운용 주체 및 위험도에 따라 차이가 있는데 안전하다고 볼 수 있는 중국 4대 은행의 저위험 상품을 고르면 된다. 은행금리에 연동되어 있는데 일반 예금 금리보다는 높다. 2014년만 하더라도 연 8% 보장 상품이 많았는데 최근 몇 년 계속 금리가 낮아지면서 요즈음은 연 4% 미만을 기록하고 있다. 하지만 중국에서는 한국과 달리 이자에 세금이 없어서 실제 이자액은 한국에서 동일 금리일 경우보다 높다. 또한 투자기간도 다양해서 본인이 원하는 기간에 맞는 상품을 고르면 된다.

은행 계좌를 개설하려면 본인 소유의 전화번호가 있어야 하기 때문에 순서상으로는 핸드폰 개설이 먼저다. 외국인이 중국에서 본인 소유의 핸드폰을 개설하려면 여권을 가지고 이동통신업체 지점을 방문해야 한다. 중국에는 3개의 이동통신사가 서비스를 하고 있는데 China Mobile (中国移动)이 가장 크고 China Unicom (中国联通)이 2위, China Telecom (中国电信)이 3위이다. 2018년 말에 2, 3위 업체 간 합병 루머가 돌기도 했었는데 후속 보도가 없는 것을 보면 헛소문이거나 아직 물밑 진행 중인 듯하다. 어느 회사가 연결이 잘되고, 통화 품질이 좋고, 가격이 저렴한지에 대해 갑론을박이 많은데 내가 보기에는 큰 차이가 없는 듯하다. 그냥 지점이 많이 보이는 China Mobile 에서 개통하였다. 개통이 되면 본인 명의의 전화번호 정보가 담긴 유심 칩을 받게 되는데 중국 폰을 구입하거나 한국에서 사용하던 핸드폰에 꽂아서 사용할 수 있다. 하지만 모두 다 되는 것은 아니라 스마트폰 기종이나 이전에 사용했던 한국 통신사에 따라 안 되는 것도 있다고 한다.

중국의 이동통신업체 로고

데이터 이용량, 전화 이용량을 고려한 다양한 요금제가 있는데 나는 그냥 기본 요금제로 줄곧 쓰고 있다. 처음에는 중국말을 몰라서 그랬었고 지금은 바꾸기 귀찮아서 그렇다. 홈페이지나 App을 통해서 요금제를 변경할 수 있지만 중국에서 통신비는 상당히 저렴하기 때문에 이용량이 특별히 많지 않는 한 요금제에 크게 신경 쓰지 않는다. 중국의 통신 요금은 선불제인데 한 번에 200 RMB를 충전해 놓으면 두 달 넘게 쓰는 것 같다. 통신비가 저렴할 뿐 아니라 집, 회사, 상점에서 무료 와이파이 쓸 수 있기 때문에 데이터 이용 비용을 줄일 수 있다. 아울러 한국에서 가지고 온 인터넷 전화나 위챗의 화상 통화를 이용하면 국제전화비 부담 없이 한국에 있는 가족들과 통화할 수 있다. 이렇게 저렴한 비용 덕분에 한국을 방문할 때도 별도로 핸드폰을 개설하는 것이 아니라 중국 폰을 로밍 해서 쓴다.

앞서 설명한 여러 장점에도 불구하고 통신과 관련한 불만사항 두 가지를 언급하고 싶다. 첫째는 인터넷 차단이다. 중국에서는 국가 안보를 이유로 해외 인터넷 접속이 자유롭지 못하다. 구글, 페이스북, 트위터, 카카오톡, 밴드 등 해외의 유명 포털 사이트, SNS, 메시지 서비스를 차단하고 있다. VPN

(Virtual Private Network)을 이용하면 우회할 수 있지만 별도의 비용이 발생하고 정보 보안 문제도 우려되어 쉽게 손이 가지 않는다.

둘째는 느린 유선통신이다. 집에서는 유선 인터넷망을 사용하는데 속도가 매우 느리다. 통신사 광고로는 100Mbps라고 하는데 체감으로는 한국의 예전 ADSL처럼 느껴진다. 아파트 단지가 노후되어 그런 것인지 모르겠지만 인터넷으로 동영상을 볼 때 끊김이 심하다.

아프면 중국 병원이라도 가야 한다

해외생활에서 가장 서러울 때가 바로 아플 때가 아닌가 싶다. 의료 체계가 어떤지 잘 모르기도 하고 우선 말이 잘 안 통하는 것이 가장 큰 문제이다. 어떻게 하다 아프게 된 건지, 증상이 어떤지, 과거 이력은 어땠는지 의사에게 설명하고 싶은 말은 많은데 답답하기만 하다. '온몸이 으슬으슬 춥고 뒷골이 콕콕 쑤시고 뒷목이 저릿하며 속이 메스껍고 가끔 쥐어짜듯 배가 아프다'라는 말을 어떻게 다 중국어로 표현하겠는가? 안 되는 영어로 억지로 짜내어 설명해봤자 영어를 못하는 의사도 많기 때문에 별 소용이 없다. 결정적으로, 중국 병원을 100% 믿을 자신이 없다. 중국에선 가짜 백신이나 엉터리 의사, 여러 의료사고에 대한 뉴스를 심심치 않게 볼 수 있는 탓도 있고 의사가 나의 설명을 제대로 이해했는지도 반대로, 내가 제대로 설명했는지도 의심이 가기 때문이다. 그래서 중국에서 생활하는 동안에는 건강관리 잘하여 아프지 않는 게 최상이다.

만약 아프다면 어쩔 수 없이 병원에 가야 한다. 중국의 병원은 규모에 따라 1급 보건소, 2급 소형병원, 3급 대형병원 이렇게 3단계로 나눈다. 베이징, 상하이 등 외국인이 많은 대도시에는 외국인 전문 병원이 있는데 영어가 기본이며 의사에 따라 다른 외국어가 가능할 수 있다. 외국인이라면 이런 전문 병원을 이용하는 것이 좋다. 외국인 커뮤니티를 통해서 정보를 얻을 수 있다. 현지 병원을 이용해야 할 경우라면 가급적 3급 대형병원을 이용하는 것이 좋다. 병원에 따라 외국인 전용 창구를 운영하는 곳도 있다. 중국에서도 한국과 비슷하게 전 국민을 대상으로 한 의료보험이 있다. 월 급여에서 일정액을 보험비로 공제하고 나중에 병원을 이용할 경우 정해진 범위 내에서 무료로 치료를 받는 기본 의료보험인데 중국 회사에 근무하는 외국인에게도 발급이 된다. 일 년에 받을 수 있는 금액이 정해져 있고 한도를 초과할 경우에는 본인이 전액 부담해야 한다. 따라서 치료비가 많이 나오는 외국인 전문 병원에서 사용할 경우 두, 세 번 만에 한도가 초과되기도 한다.

사회보장카드(뒷면)

기본의료보험증

복지제도가 좋은 회사에서는 외국인 직원을 대상으로 민간에서 운영하는 의료보험 상품을 제공하기도 한다. 중국계 보험뿐만 아니라 애트나, AIG, 알리안츠 같은 외국계 보험 상품도 있는데 상세 조건은 상품마다 다르지만 보장 조건이 아주 좋다.(일년에 최대 100만 RMB(한화 1억 7천만 원)까지 보장, 입원비/간호비 지원 등) 외국인 전문 병원과도 연계되어 있어서 양질의 의료 서비스를 본인 부담 없이 제공받을 수 있으며 병원에 최초 등록을 한 이후에는 별도의 절차 없이 이용 가능하다. 중국에서 일하고 있는 분이라면 HR팀에게 이러한 복지제도가 있는지 확인해 보는 것이 좋겠다. 회사 정책에 따라 직원 본인 외에도 부모, 배우자, 미성년 자녀까지 지원해주기도 한다. 설령, 중국 내 의료보험이 없다 해도 절망할 필요는 없다. 대체적으로 한국에 비해 병원비가 저렴해서 중증 치료가 아닌 이상 전액 본인이 부담해도 큰 무리는 아니다. 중증 치료가 필요하다면 중국에서 보험을 찾을 것이 아니라 한국으로 가는 것이 옳은 선택이라 생각한다.

중국의 민영 의료보험 상품들

중국에서는 중의(中医)라고 하여 한방 병원도 일반 병원처럼 운영하고 있다. 현대 의료기기를 사용하여 진단, 치료하는 것은 일반 병원과 같고 침, 뜸, 안마 같은 한방 치료도 받을 수 있다. 3급 의료기관이라면 중의, 양의 관계없이 X-ray, CT, MRI 등 첨단 진단 장비를 갖추고 있다.

중국 병원을 이용하려면 대단한 인내심이 필요하다. 아프다고 병원가면 바로 치료받는 것이 아니라 한참을 기다려야 하는데 영, 유아 환자들이 많은 아동병원의 대기시간은 특히 그렇다. 3급 의료기관을 예로 설명하자면 우선 최초 접수 및 비용을 선납해야 한다. 접수처 앞에 긴 줄이 있다. 가끔 새치기하는 사람들이 있다. 접수 및 비용 선납이 끝나면 기초 검사가 있다. 혈압, 신장, 체중, 혈액 검사를 하는데 검사장 앞에 긴 줄이 있다. 검사가 끝나면 해당 진료과로 가서 번호를 받는다. 진료과 앞에도 긴 줄이 있고 역시 새치기하는 사람들이 있다. 한참을 기다려서 드디어 의사와 문진을 하게 되는데 다음 환자가 내 뒤에서 순서를 기다리며 내용을 듣고 있다. 프라이버시가 없다. "저 사람 한국인이래" 하는 수군거림이 들린다. 문진이 끝나면 처방을 받기 위해 다시 비용을 납부해야 하는데 또 긴 줄과 새치기가 기다리고 있다. 예약이 있다고는 하는데 누군가가 미리 선점해 놓거나 중국어가 아니면 담당자와 말이 안 통해서 유명무실하다. 이렇게 하다 보면 반나절은 기본이고 오전에 접수했다가 오후에 치료하는 경우도 많다. 어쩌겠는가. 로마에 가면 로마법을 따르고 중국에 가면 중국 법을 따르는 수밖에 없다. 병원에 가야 한다면 통역과 함께 가는 것이 좋다. 지루한 절차 때문이기도 하고 의사소통 과정 중 혹시 모를 오해를 방지하기 위해서 말이다.

중국 병원에 불만이 있다 하더라도 아플 때 병원은 구세주나 다름없다. 어느 날 늦은 밤, 통풍 발작이 심하게 와서 온몸이 마비된 일이 있었다. 이러다 어찌되는 거 아닌가 싶어서 아내가 120(한국의 119)에 연락을 했다. 십여 분이 지났을까? 아파트 입구에 앰뷸런스가 도착해서 가장 가까운 대학병원 응급실로 나를 이송하였다. 의료보험증을 제출하였더니 앰뷸런스 비용을 포함한 모든 치료비를 본인 부담금 없이 보험금으로 처리하였다. 평소에 중국 의료 시스템에 불만이 많았었는데 그 사건 한 번으로 인식이 확 바뀌었고 이제는 만족하고 있다. 참고로 가정상비약은 약국에서 의사처방 없이 구입할 수 있다. 중국에서의 약국은 동네 슈퍼마켓보다 흔할 정도로 많은 것 같다.

중국에서 생활하다 보면 한국의 의료서비스가 참 좋다는 것을 새삼 느끼게 된다. 중국처럼 오래 기다리는 것도 아니고 국민 건강보험이 없는 미국 같지도 않으니 말이다.

국제 범죄자가 되지 않으려면

외국인으로 중국에서 생활하기 위해서는 현지 법 규정을 준수해야 하고 불편함이 따르더라도 감수해야 한다. 앞에서 종교 활동이나 중국의 정치, 사회에 대한 비판은 삼가라는 설명을 하였는데 이외에도 지켜야 할 규정들이 많다. 살인, 강간, 마약 등의 중범죄는 말할 나위 없고 무단횡단, 오물 투기 같은 경범죄와 음주운전, 신호위반 등 교통위반은 상식의 차원이라 언급하지 않겠다. 다만, 한국에는 없거나 생소하지만 중국에서는 반드시 주의해야 할 내용 몇 가지를 정리해 보았다.

- **불법취업** : 책 제목이기도 한 '중국에서 일한다'에서 엄밀한 의미의 중국 내 외국인 취업자는 관련 법에 따라 외국인 취업증명서와 거류증명서를 취득한 자와 외국인 영구 거류증을 취득하고 중국에서 합법적으로 취업한 외국인을 뜻한다. 상기 조건을 갖추지 않은 상태로 취업한 경우에는 불법취업이다. 따라서 여행 비자를 소지한 여행자, 유학 비자를 소지한 유학생, 출장 비자를 소지한 출장자, 외국인 취업자와 동반한 가족이 취업을 하는 것은 법에 저촉된다. 관련 법 규정에 따르면 외국인이 불법취업을 하거나 불법 고용을 할 경우 5,000 RMB(한화 약 85만 원) 이상 최고 20,000 RMB(한화 약 340만 원)의 벌금 또는 5일 이상 15일 이하의 구류에 처하며 불법 소득은 몰수 된다. 불법거류 외국인에 대해서 불법 거류일 1일당 500 RMB, 최고 20,000 RMB의 벌금을 부과 또는 5일 이상 15일 이하의 구류에 처하며 불법거류에 협조한 외국인에 대해서도 동일한 처벌을 내릴 수 있다.

- **주숙 등기** : 주숙 등기는 중국 내에 거주하는 외국인이 거주지를 공안 기관에 신고하는 것을 말하는데 법에서는 입국 후 24시간 이내에 거주지 관할 공안기관에 신고하도록 되어 있다. 본인 여권, 거류증, 집 계약서를 가지고 인근 파출소(派出所)에 가서 해야 한다. 다만, 호텔에 숙박할 경우에는 호텔 측이 등기를 대신한다. 거주지가 변경되지 않

았더라도 해외를 다녀오게 되면 매번 주숙 등기를 해야 하는데 제대로 지켜지지 않을 때가 있다. 단속이 심하지 않기도 하고 바쁜 일정으로 하루 이틀 미루다 까먹기도 하기 때문인데 엄밀하게 법을 적용할 경우 최대 20,000 RMB 이하 벌금, 행정 구류 또는 강제 추방 조치까지 가능하다. 해외 출장을 다녀오거나 명절에 한국을 다녀온 후 꼭 주숙 등기를 하자. 회사에도 이런 내용을 고지하여 회사일로 주숙 등기를 못하는 일은 없도록 하자.

- **외국인 불심검문** : 외국인은 원칙적으로 항상 여권을 소지하고 있어야 한다. 공안은 의심이 가는 외국인에 대해 불심검문을 할 수 있으며 최대 48시간까지 영장 없이 조사할 수 있는 권한이 있다. 필요한 경우에는 최대 60일간 구류심사를 할 수 있다.

- **자동차 등록** : 도난 차량, 무등록 차량, 가짜 번호판을 단 차량(스쿠터, 모터사이클 포함)을 운전할 경우 200 RMB 이상 2,000 RMB 이하의 벌금을 부과하고 해당 차량은 압수한다. 필요 시 구류에 처할 수 있다. 차량 구입 시 외국인이 사기를 당한 것이라 할지라도 처벌을 받을 수 있는데 확인 의무를 다하지 못했기 때문이라고 한다.

- **출국금지** : 불법행위에 연루되면 추방되지만 반대로 아래와 같은 이유로 출국 금지를 당하는 경우도 있다.

── **형 집행 중이거나 범죄 혐의자**

── **재판 중인 경우**

—— 직원에게 지불해야 할 체불임금이 남아 있는 사업주

—— 기타 사법기관이 정한 경우

　이런 불상사가 발생하지 않도록 평소 자기 관리를 철저히 하는 것이 가장 좋지만, 혹시라도 문제가 생겼을 경우에는 회사에 알려 협조를 구하는 한편, 지역 교민 단체에 도움을 청하는 것이 좋다. 법적인 문제라면 한국 영사관의 도움도 필요하다. 대한민국 외교부에서 작성한 2017년 재외동포 현황자료에 의하면 가장 많은 재외국민이 있는 나라는 중국으로 총 2,548,030명, 전체의 34.29%를 차지한다고 한다. 그만큼 중국 내 교민 커뮤니티도 많다고 할 수 있는데 상하이나 베이징 등은 지역 내 한인 신문과 웹사이트를 운영하는 등 활동이 활발하다. 중국에서 비슷한 어려움을 경험한 교민들과 교류하다 보면 도움 되는 정보도 많이 얻을 수 있고 타국에서의 외로움도 달랠 수 있어서 좋다. '네이버'나 '다음'에는 이미 여러 개의 중국 관련 카페가 개설되어 있다. 이 책에서 소개된 내용보다 훨씬 더 많은 자료가 있으니 참조하기 바란다.

중국 관련 사이트

　□ KOTRA http://www.kotra.or.kr
　□ 상하이방 한인 포털 사이트 http://shanghaibang.com/shanghai/
　□ 네이버 중정공 카페 https://cafe.naver.com/zhcafe

02

중국 생활을 되돌아보며

○ ○ ○

인간은 합리적인 존재가 아니라 합리화하는 존재라는 말이 기억난다. 누군가 나에게 중국 생활에 만족하느냐를 Yes or No로 대답하라고 하면 대답은 분명히 'Yes'이다. 하지만 이것이 합리적인 결론인지 아니면 합리화한 자기최면인지는 솔직히 잘 모르겠다. 중국에서 일하는 동안 겪었던 어려움 중 많은 부분은 한국에서 일했다면 겪지 않았을 일들이었다. 예를 몇 가지 들어보겠다.

문화 장벽, 언어 장벽으로 인한 오해와 스트레스

내가 일하는 중국 회사에서는 영어, 중국어를 혼용했고 내가 맡은 업무는 자동차 시장 품질관리였다. 중국 고객들의 다양한 불만을 신속하게 처리하기 위해서는 연구개발, 생산, 판매, 구매 등 각 부서와 긴밀한 협조가 필요했는데 이것이 무척이나 힘들었다. 생각하는 방식, 일 처리 방식이 서로 다른데다가 언어 장벽으로 서로의 생각을 충분히 소통하고 이해하기가 쉽지 않았기 때문이다.

관련 부서 간 논쟁할 때는 머릿속으로 동료들의 말을 번역하는 동시에 대책을 고민하고 이를 다시 영어나 중국어로 설명해야 했다. 생각만큼 잘 되지 않아서 다른 사람들의 설명을 이해하지 못하거나 말해야 할 기회를 놓치기 일쑤였다. 스트레스가 많아지자 나중에는 쉬운 일도 실수를 하는 바람에 스스로 위축되는 일이 잦아졌다. 중국인, 그것도 경력이나 나이로나 나보다 어린 관리자로부터 당신들 외국인 전문들한테 쓰는 돈이 얼마인 줄 아느냐는 식의 비난을 들을 때면 자존심이 무너지는 한편 잊혀졌던 애국심까지도 불현듯 떠오르면서 내가 더러워서 한국으로 돌아간다 라는 말이 목구멍까지 올라오기도 한다. 한국에서 일할 때보다 더 노력하고, 더 많이 참으며 일했지만 결과는 반대로 더 안 좋았던 적이 많았다.

건강 문제

바쁜 업무로 운동이 부족해지거나 식사가 불규칙해지고 스트레스가 쌓여 잠을 잘 못 이루다 보면 여기저기 아프기 시작한다. 중국의 악명 높은 미세먼지는 늘 건강을 위협한다. 중국 허베이 성에 있는 바오딩(保定)은 베이징 주변에 있는 공업도시인데 중국에서 대기오염이 가장 심각한 지역이다. 미세

먼지가 심한 날에는 손안에 있는 돈이 100위안인지 10위안인지 보이지 않을 정도라고 한다. 내가 사는 항저우는 그보다는 훨씬 양호하지만 한국에 비해 공기가 안 좋은 건 사실이다. 그래서인지 감기도 자주 걸린다.

병원에 가는 것도 쉽지 않다. 아픈 부위와 증상을 설명하는 것도 쉽지 않고 길고 지루한 절차도 상당한 인내심을 요구하기 때문이다. 이런 것이 싫어 하루 이틀 치료를 미루다 단순 감기를 폐렴으로 키워 고생한 적도 있다. 몸만 아픈 것이 아니다. 부모님, 형제자매, 친구들과 떨어져 있다 보니 외로울 때가 많다. 한국에서라면 친한 친구들과 사는 이야기를 하거나 동료들과 회사 욕을 하면서 서로를 위로할 텐데 그렇지 못하니 마음의 병도 쌓인다. 아내, 아들과 같이 지냈기에 다행이었으나 혼자 중국에서 일하는 경우라면 무척이나 힘들었을 것이다. 혼자 생활하면서 술, 담배가 늘어 건강이 나빠지는 경우도 적지 않다.

한국 생활, 한국 정보에 대한 소외감

해외에서 지내니 가족이나 친한 친구더라도 일년에 한두 번 잠시 만나게 되고 그러다 보니 관계도 서먹해진다. 연로하신 양가 부모님을 제대로 돌보지 못한다는 죄송한 마음과 형제 자매들, 친한 친구들과 자주 만나지 못하는 미안함과 아쉬움은 언제나 마음 한편에 있다. 한국의 정치, 사회, 경제에 대한 정보도 뒤쳐지는 것 같다. 아무리 인터넷이 발달했다고는 하나 실생활에서 몸으로 부딪쳐 느끼는 것과 화면으로 보는 것은 다르기 때문이다. 더욱이 중국에서는 해외 사이트의 인터넷 접속을 차단하는 경우가 많아서 한국인이 자주 사용하는 카톡이나 네이버 밴드, 다음 카페 이용이 어렵다. 'Out of sight, Out of mind'라고 예전에는 그렇게 좋아하는 한국대표팀 축구 경기도 이제는 언제 하는지 잘 모르게 되었다. 뿐만 아니라 동종 업계 동향이나 기술 흐름, 예전 동료나 협력 업체 소식 등 경력을 유지하는데 필요한 정보에서도 뒤쳐지는 것은 아닌지 걱정스러울 때가 많다.

한중 관계에 따른 영향

한중 양국 간 관계가 어떠한지도 중국에서 일하는 사람들에게는 중요한 문제이다. 사드 문제로 중국 내 혐한 정서가 퍼져 중국에 진출한 한국 기업들이 심각한 타격을 받았다. 현대기아차는 중국 판매량이 30% 넘게 감소했으며 롯데마트는 아예 중국에서 철수했다. 중국 회사로부터 해고를 당하거나 인사상 불이익을 당했다는 이야기는 듣지 못했지만 심리적으로 위축되는 것은 사실이다. 중화사상으로 대표되는 중국인들의 민족적 자부심은 대단하며 한번 불붙으면 금방 전체로 퍼진다. 며칠 전까지 친절했던 과일 가게 주인은 한국은 도대체 왜 이러냐며 따지듯이 묻기도 했다. 한국 영사관에서는 교민들에게 외출 및 단체행동을 삼가라는 메시지를 보냈다. 반대의 경우도 비슷하다. 중국 회사로 이직하기 위해 작별 인사를 고했을 때 기술 팔러 가냐고 비아냥거리는 동료도 있었고 매국노라는 소리도 들었다. 나 자신도 중국 자동차 산업의 발전으로 한국 자동차 업계가 고전하고 있다거나 한국의 반도체 기술자들을 중국 업체들이 부당하게 스카우트해 간다는 뉴스를 보게 되면 자괴감으로 우울해지곤 한다.

때때로 북받쳐 오르는 불만

평소에는 중국 생활에 전반적으로 만족하고 설령 불쾌한 일이 있더라도 대수롭지 않게 넘어간다. 하지만, 아파트 엘리베이터 안에서 담배를 피는 중국인을 마주치게 되면 엘리베이터에 같이 있는 그 짧은 몇 초에 그 동안 참아왔던 불만이 튀어 나오게 된다. 순화하여 설명하자면 이런 식이다. '공중질서는 어려서부터 배우는 것이고, 금연 경고문이 버젓이 붙어 있으며 동승자도 있는데 감히 엘리베이터에서 담배를 피워? 이 놈은, 이 나라 중국은 도대체 뭐야? 에잇, 내가 더러워서 중국 떠난다.' 순간적인 감정이라 얼마 가지 않아서 다시 정신을 차리지만 잠재 의식 안에는 중국 생활에서 겪는 어려움과 이를 벗어나고자 하는 욕구가 있지 않나 싶다. 부족한 내가 언제쯤에야 마음의 평화를 얻을 수 있을지 모르겠다.

'아픈 만큼 성숙한다'라는 말이 있다. 힘들어도 어려움을 통해서 능력이 키워지기도 하고 더욱 성숙해지기도 하기 때문이다. 중국 생활에 어려움이 있는 것은 부인할 수 없는 사실이지만 정말 못 견딜 정도였다면 이전에 한국으로 돌아갔을 것이다. 그럼 이번에는 중국에서 일하면 어떤 장점이 있는지, 합리화하는 인간의 모습을 보일 차례다.

생각보다 안정된 치안

앞서 말했듯이 중국에 살면서 이와 같은 무질서나 스마트폰 사용 등으로 인한 교통사고같이 사람 사는 곳이라면 발생할 수 있는 사소한 공공질서 위반(쓰레기 투기, 노상방뇨, 애완견 배설 등)은 종종 목격했었다. 그럼에도 불구하고 중국 사회의 치안은 매우 안정적이라 생각된다. 치안 상태만 놓고 이야기하자면 한국보다 안전하다고 까지 느껴진다. 예전에 보았던 한국 번화가의 주말 풍경 - 잔뜩 취한 취객들의 난동, 빈번한 경찰 출동 등 - 을 중국에 와서는 거의 못 보았다. 오히려 가족 단위로 강변을 산책하거나, 노인들이 모여 카드 게임을 하거나, 중년 여성들이 공원에 모여 집단으로 춤을 추는 모습처럼 중국에서의 일상은 매우 평화롭다. 공안 기관이 워낙 강력해서 인지, 아니면 곳곳에 설치된 감시 카메라 때문인지 모르겠지만 중국인들의 기본적인 품성이 평화스러운 것 같다.

가족 간 유대의 강화

나는 아내와 아들과 함께 항저우에서 생활하고 있다. 함께하는 지난 5년 동안 한국에 있을 때보다 더 가까워졌다. 중국 생활은 모두에게 똑같이 낯선 환경이었고 이를 극복하기 위해 같이 노력했다. 중국어가 서툰 것은 같은 입장이어서 아프면 같이 병원에 가서 상담했고 아들의 국제학교 행사에 가족 모두가 참석했으며 좋은 정보가 있으면 같이 이야기하는 등 자연스럽게 가족 모두가 함께 고민하고 노력했다. 아마 한국에 있었다면 나는 회사일로 바쁘다는 핑계로 가정사에 소홀해지고, 아내는 자녀 뒷바라지로, 아들은 입시 준비로 대화를 가질 틈이 없지 않았을까 싶다. 만약, 중국에서의 직장 생활이 원만치 못해 중도에 한국으로 돌아갔다면 나의 경력뿐만 아니라 아들의 학업에도 큰 어려움을 겪었을 것이다. 중국 취업 덕분에 가족간 유대가 더 강해졌다. 비유하자면 부모자식관계+동지관계, 배우자관계+친구관계 같다고나 할까? 이는 중국에 올 때만 하더라도 전혀 예상치 못한 효과였다. 운이 좋다고도 생각한다. 중국으로 오게 된 이유는 취업 때문이었지만 중국에서 얻은 가장 큰 수확은 바로 가족간의 끈끈한 유대라고 생각한다.

세상을 넓게 보는 시야

미중 간 무역 갈등이 환율에 미치는 영향은 무엇인지, 중국과 일본이 남중국해를 두고 갈등하는 이유는 무엇인지, 부탄의 도로건설을 두고 왜 중국과 인도가 군사충돌 직전까지 갔는지 같은 국제적인 이슈에 대해 여러 각도에서 생각해 보게 된다. 뿐만 아니라 아들의 대학 진학을 준비하면서 한국 대학과 해외 대학의 장단점을 비교하거나 중국의 외국인 대우 정책은 어떤지, 스웨덴 자동차 회사의 연봉은 어느 정도 수준이며 근무환경은 어떠한지, 일본의 취업시장 상황은 어떤지 등 연관된 주제들에 대해서도 폭넓게 생각하게 된다. 아울러 한국 공공기관의 서비스가 사실은 매우 높은 수준이라든지, 전자 페이나 공유 서비스 등 신산업에 대해 한국은 대응이 늦는다는 등 국내 현실을 새롭게 보게 된다.

성격의 긍정적인 변화

중국인 동료뿐만 아니라 세계 각국 출신 동료들과 일하면서 겪었던 문화 차이, 생각 차이, 언어 차이가 힘들기도 했지만 다름을 이해하고 서로 협력하는 능력은 더 커졌다. 어쩔 수 없는 환경 덕분에 영어와 중국어 실력도 늘었는데 정확히는 언어/비언어를 통해 의미를 파악하는 능력, 쉽게 말해 눈치가 늘었다. 인내심도 커져서 웬만해서는 화내거나 조바심내지 않게 되었다. 만만디를 통해 기다리는 능력이 커진 덕이다.

덧붙여 아들이 국제학교를 다니면서 자연스레 영어, 중국어를 익히게 된 것은 큰 수확이며 극심한 입시 경쟁 없이도 나쁘지 않은 학업성적을 이룬 것도 만족스럽다. 외국생활의 어려움을 잘 극복하고 해냈다는 자부심은 앞으로 큰 도움이 될 것이다. 가끔 아들에게 뚱딴지같은 제안을 던지는데, 예를 들어 중국 환율 변동이 너의 대학 선택에 미치는 영향을 영어로 한번 써보라고 한다든지, 인공지능의 발달로 인한 아빠의 실업 가능성과 이에 대한 대책을 생각해 보라고 하는 식이다. 중국에서의 생활이란 예상치 못한 일의 연속이다. 그렇기 때문에 돌발 상황이 발생하더라도 초조해 하지 않고 생각을 유연하게 해야 한다. 아들에게 질문하면서 필자 스스로도 생각을 정리해 보는 것인데 어느덧 아빠가 생각하지 못하는 부분까지도 말할 때면 대견하면서도 마음 뿌듯해진다. 12학년(한국의 고3) 졸업까지 아직 한 학기 남았지만 해외 유명대학의 입학 허가를 미리 받게 된 것도 중국에서 일하면서 얻는 큰 보람이다.

TIP 3

학교 선택부터 대학 입시까지

○ ○ ○

가족이 함께 중국으로 이주한 경우 자녀 학교 문제는 무엇보다도 중요한 문제로 부상하게 된다. 중국에 거주하는 한국 교민이 자녀를 학교에 보낼 경우에 선택할 수 있는 방법은 크게 세 가지로 중국 로컬 학교에 보내는 방법, 국제학교에 보내는 방법, 한국계 학교에 보내는 방법이 있다. 각각의 장단점이 존재하고 이후 대학 입시 때 진로 또한 크게 갈릴 수 있다. 때문에 학부모와 학생이 함께 고민하여 신중하게 결정해야 한다.

1 중국 로컬 학교

중국의 교육 시스템은 한국과 비슷하지만 약간의 차이가 있다. 만 6살에 초등학교에 입학하고 9년간의 의무 교육 기간이 있는 것은 중국 전역에서 동일하다. 다만, 초등, 중등 교육기간은 지역마다 다를 수 있어서 베이징의 경우에는 초등학교 6년, 중학교 3년이지만 상하이에서는 초등학교가 5년, 중학교가 4년이다. 의무교육인 초등, 중등 교육까지는 국가에서 학비를 지원한다. 고등학교는 3년제이며 의무 교육이 아니기 때문에 자비 부담이다. 일부 고급 사립학교는 초등, 중등, 고등학교가 모두 통합된 곳도 있는데 배경이 좋은 일부 엘리트들이 가는 곳이라 일반적이라 하기는 어렵다. 유아원은 초등학교 취학 전인 만 3세에서 6세 유아들을 대상으로 운영된다. 중국 로컬 학교는 한국과 다르게 9월에 1학기가 시작되며 3월에 2학기가 시작되는데 이는 국제학교의 학기와 유사하다.

외국인 입장에서 중국 로컬 학교의 장점으로 탁월한 현지 적응과 저렴한 학비를 꼽을 수 있다. 중국 학생들과 함께 동일한 교육을 받음으로써 중국 문화 및 환경을 빠르게 이해하고 쉽게 적응할 수 있으며 중국 친구들이 많아지기 때문에 중국어도 빠르게 배운다. 그리고 의무교육인 중학교까지는 학비 부담도 거의 없다. 고등학교 학비는 공립학교의 경우 일년 학비가 2,000~3,000 RMB(한화 약 34만 원~51만 원) 정도이고 사립학교의 경우 15,000~20,000 RMB(한화 250만 원~340만 원) 정도이다.

단점으로는 자녀의 만족도가 낮고 학부모가 중국어를 할 수 있어야 한다는 점을 꼽을 수 있다. 한국인 학생 입장에서는 중화사상을 바탕으로 한 수업 내용에 거부감이 생길 수 있고 주입식 암기와 숙제가 많은 빡빡한 학교생활에 어려움을 느낄 수 있다. 또한 수업이 모두 중국어로 진행되기 때문에 중국어를 아예 못하는 학생이라면 처음 1년 정도는 굉장히 힘들 수밖에 없으며 한국인 친구가 같은 학교에 없거나 몇 명 안 되기 때문에 소외감을 느끼게 된다. 또 학교와 학부모 간 소통도 중국어로 해야 하기 때문에 중국어가 서툰 학부모라면 난감할 수 있고 한국이나 외국 대학을 진학할 경우에 필요한 각종 증빙자료 준비도 쉽지 않아서 애를 태우는 경우가 많다. 학교 입장에서도 외국인 학생을 그리 반가워하지는 않는 것 같다. 소수의 외국인 학생에게 신경 써야 할 것들이 많을 뿐만 아니라 중국어가 서툰 탓에 배우는 속도가 늦어 현지 학생들을 지도하는 데에도 지장이 있으며, 교육 중간에 고국으로 돌아가거나 국제학교로 전학하는 경우도 잦아 전체적인 면학 분위기를 해칠 수 있다고 생각하는 것 같다.

중국어 공부 및 중국 대학 입학이 목적이라면 일찍부터 로컬 학교에 다니는 것이 좋다. 로컬 학교에서는 신입생 선발 시 기본적인 중국어 실력을 검증하고 있기 때문에 미리 중국어를 공부하고 와야 한다. 일부 로컬 학교는 학업성취가 충분치 않다고 판단될 경우 졸업을 유보시키는 경우도 있어서 꾸준한 학업 관리가 필요하다.

로컬 고등학교 졸업을 위해선 '슈에카오(学考)'라는 시험을 치러야 하는데 고등학교 교과 과정 10개 과목(정치, 어문(중국어), 수학, 영어, 물리, 화학, 생물, 역사, 지리, 기술)이 대상이며 이 중 정치 과목에서 최하 등급인 E 등급을 받거나 정치를 제외한 과목 중 2개 이상이 E 등급을 받게 될 경우 졸업이 불가하다. 상대 평가인 슈에카오는 점수가 높은 순서대로 A등급 15%, B등급 30%, C등급 30%, D등급 20%이며, 가장 낮은 점수대 5%

를 과락 등급인 E등급으로 처리한다. 이 시험은 한 번에 치르는 것이 아니라 고등학교 3년 과정 중 과목별로 3번의 시험기회가 주어진다. 세부 운영방식은 지역이나 학교에 따라 일부 차이가 있으나 시험을 통해 졸업자격을 부여하는 시스템은 동일하다.

중국 현지 대학에 진학하기 위해서는 한국의 수능시험과 유사한 '까오카오(高考)'라 불리는 시험에 응시해야 한다. 매년 6월에 이틀에 걸쳐 중국 전역에서 시행되는데 기본 3과목(어문(중국어), 수학, 외국어(주로 영어))과 선택 3과목을 시험 본다. 기본 과목을 제외한 7과목 중 3과목을 선택할 수 있다는 의미로 칠선삼(七选三) 제도라고도 부른다. 2015년 이전에 입학한 학생들은 원래 선택과목을 이과/문과(문과: 정치, 역사, 지리. 이과: 물리, 화학, 생물)로밖에 선택을 못했지만 지금은 제도가 바뀌어 학생들의 선택권이 넓어졌다. 배점은 기본 과목 450점, 선택과목 300점으로 총 750점 만점이며 1년에 900만 명이 넘는 인원이 까오카오 시험을 치른다. 성적에 따라 명문대 입학 당락이 결정되므로 좋은 점수를 받기 위해 갖은 노력을 다한다. 부정행위를 하면 최고 징역 7년 형에 처할 수 있다고 하는 걸 보면 중국의 입시도 한국 못지않게, 어쩌면 그 이상 치열하다고 할 수 있다.

현지 언론 보도에 따르면, 중국의 학생 1인 당 연 평균 사교육비가 120,000 RMB(한화 약 2,000만 원)에 이른다는 주장이 있다. 이에 따르면, 60% 이상의 초등학생들이 과외를 받고 있으며 베이징과 상하이에서는 70% 이상의 초등학생들이 사교육을 받고 일부는 1년에 300,000 RMB

(한화 약 5,000만 원)이상을 사교육비로 쓴다고 한다. 최근 한국에서 유행한 드라마인 'SKY 캐슬'이 중국에서도 엄청난 인기를 끌었다. 자식에 대한 교육열과 치열한 입시 경쟁, 이에 따르는 사회적 문제는 중국에서도 마찬가지다.

天空之城 SKY 캐슬 (2018)

导演: 赵贤卓
编剧: 俞贤美
主演: 廉晶雅 / 李泰兰 / 尹世雅 / 吴娜拉 / 金瑞亨 / 更多...
类型: 剧情
官方网站: tv.jtbc.joins.com/skycastle
制片国家/地区: 韩国
语言: 韩语
首播: 2018-11-23(韩国)
集数: 20
单集片长: 60分钟
又名: 天空城堡(台) / 프린세스 메이커 / Princess Maker / SKY Castle
IMDb链接: tt9151274

豆瓣评分
8.9 ★★★★☆
22323人评价

5星 ▮▮▮▮▮▮ 57.5%
4星 ▮▮▮▮ 32.9%
3星 ▮ 7.1%
2星 1.4%
1星 1.0%

SKY 캐슬(중국명 천공지성)[3]

기존 중국식 교육이 꺼려진다면 대안으로 로컬 학교의 국제부를 고려할 수 있다. 해외 유학 및 국제화된 교육에 대한 수요가 늘면서 상하이나 베이징 같은 1선 도시뿐만 아니라 항저우 같은 2선 도시에서도 국제부를 신설하는 학교가 급증하고 있다. 중국식 교육을 기반으로 하되 미국, 영국식의 커리큘럼을 적용하여 해외 유학에 필요한 IB(International

---

3 https://movie.douban.com/subject/30304087/

Baccalaureate)나 AP(Advanced Placement)를 준비할 수 있다. 수업은 모두 영어로 진행되는데 타이트한 중국식 학사관리와 더불어 영어, 중국어를 모두 배울 수 있다. 게다가 국제학교에 비해 절반 이하인 저렴한 학비는 로컬 학교 국제부의 장점으로 꼽을 수 있다.

국제부에서 고등학교 과정을 이수하면 한국과 중국의 대학뿐만 아니라 다른 외국 학교를 노려볼 수도 있다. 상해의 한 국제부 학비는 한 학기당 38,800 RMB(초등학교)에서 42,800 RMB(고등학교) 수준이다. 한화 기준으로 일 년 학비가 1,300만 원에서 1,400만 원 정도이다.

요약하자면 중국 로컬 학교는 학생, 학부모의 많은 노력이 필요한 반면, 빠른 현지적응과 저렴한 학비라는 장점이 있다. 중국에 장기 정착을 계획하거나 중국 현지 대학 진학을 생각한다면 중국 로컬 학교를 선택하는 것이 좋은 방법이라 생각한다. 참고로 한국에서 공부하다가 바로 중국 고등학교로 진학하는 경우는 현실적으로 불가능에 가깝다. 중국 학생들은 고등학교 진학 시 쫑카오(中考)라는 시험을 치러야 하는데 중국어를 모국어 수준으로 활용할 정도가 아니라면 시험 통과가 어렵기 때문이다. 따라서 중국 로컬학교를 고려한다면 중학교 이전에 전학하는 것이 좋다. 로컬학교 국제부는 입학 기준이나 학사 일정이 학교마다 다르기 때문에 충분한 사전 조사가 필요하다. 덧붙이자면 쫑카오는 중국어, 수학, 영어, 과학, 사회탐구(역사+지리+정치), 체육 총 6가지 과목에 대해 시험을 치르며 시험 전에 지망한 학교 커트라인에 맞춰 고등학교에 들어가는 시험이다.

2 국제 학교

중국으로 이주한 한국인 학생 대부분은 국제학교를 가장 먼저 고려하지 않을까 싶다. 베이징, 상해, 홍콩, 광저우 같은 대도시별로 각각 10여 개가 넘는 국제학교가 있으며 알려진 바에 따르면 중국 전역에는 140여 개가 넘는 국제학교가 있다고 한다. 모든 학생 및 교사들이 외국인이고 수업을 전부 영어로 진행하기 때문에 자연스럽게 영어 실력이 늘어나며, 외국인 친구들도 많이 사귀게 되면서 다양한 문화를 접할 수 있게 된다. 한국인 학생들도 꽤 많기 때문에 적응하기 어렵지도 않고 일반적으로 한국 학생들은 중국어보다 영어를 더 잘하기 때문에 수업을 따라가기도 수월하다. 학업에 대한 스트레스도 한국의 학교에 비해 적다. 국제학교의 수업 방식은 토론과 에세이 쓰기, 프레젠테이션 위주이다. 한국에서 시험 위주로 공부했을 경우 다소 어려움을 느낄 수 있겠지만 금방 적응할 수 있다. 학급당 학생 수가 많지 않아 개인 수준에 맞는 학사관리가 가능하기 때문이다. 한국에서 온 학생 입장으로는 국제학교에서는 모두 컴퓨터를 가지고 수업을 한다는 점이 신기할 수 있다. 학교에서 지급한 노트북 컴퓨터는 영구 소유가 아니라 학기 중 사용하였다가 반납해야 한다. 개인 숙제는 물론 수업 시간에도 노트북을 항시 사용하며 강의를 듣는다.

일년 중 수업일수가 180일이며 하루 5~6시간인 수업 시간에서 알 수 있듯이 국제학교의 학사 운영은 학생에게 상당한 자율권을 부여하고 있다. 때문에 개인의 노력이 굉장히 중요한데 널널한 국제학교 수업에 안주하고 있다가는 큰 낭패를 보게 된다. 국제학교를 다니는 장점 중 하나는 다양한 방과 후 활동에 참여할 수 있다는 점이다. 축구, 농구, 탁구 같은 운동에서부터 컴퓨터, 봉사, 토론, 학업 관련 등 다양한 주제의 클럽이 있으며 원한다면 자신이 원하는 동아리도 어렵지 않게 만들 수 있다. 학교에서도 학생들이 클럽 활동에 참여하도록 격려하고 있어서 최소한 한 개 이상, 취미가 많은 학생의 경우 4~5개씩 참가하기도 한다. 단점은 단연 학비다. International Schools Database에 의하면 베이징에 있는 국제학교의 평균 일년 학비가 30,228 USD이며 상해에 있는 국제학교의 평균 학비는 32,928 USD라고 한다. 한국의 원화로 환산하면 베이징의 국제학교 학비는 한화로 약 3,400만 원, 그리고 상해는 3,700만 원 정도가 된다. 이런 높은 학비 때문에 회사의 지원이 없을 경우 자비로 부담하기에는 적지 않은 금액이라 국제학교의 장점만 보고 선택하기엔 무리가 있다.

국제학교를 고려할 경우 '학교에서 어떤 커리큘럼을 운영하는가'를 눈여겨봐야 한다. 국제학교에서 운영하는 커리큘럼은 크게 두 가지로 구분할 수 있다. IB(International Baccalaureate)와 AP(Advanced Placement)가 그것인데 꽤 차이가 있다.

IB는 스위스에 본부를 둔 국제 교육기관에서 운영하는 국제 학위제도로 대학 진학을 원하는 고등학교 2, 3학년을 대상으로 하는 2년 과정이다. 2018년 기준으로 150여 개국 5,000여 개의 학교가 IB를 도입하고 있으며 한국에서도 도입되어 많이 알려져 있다. 한번쯤 이름을 들어보았을

영국, 미국계 유명대학은 물론 유럽, 아시아 대학에서도 IB 학위를 입학사정에 포함하고 있다. 수학과 모국어, 외국어 외에 3가지 과목을 더해 총 6가지 과목을 가지고 평가를 받는다. 3학년 말에 최종 시험을 치르지만 이 시험으로 성적이 결정되는 것은 아니다. 과목별로 학기 중간에 평가가 있는데 에세이나 언어의 경우 구술시험이 성적의 20~30%를 차지한다. 과학의 경우엔 실험과 결과보고서가, 수학의 경우에는 특정 주제에 대한 에세이가 성적에 반영된다. 또, Extended Essay(EE)라고 하는 일종의 논문 작성과 철학과목이라 할 수 있는 Theory of Knowledge(TOK)도 공부해야 하는데 주입식 교육에 익숙한 학생들이 가장 어려워하는 분야이다. 이처럼 IB는 시험뿐만 아니라 학기 중간 에세이나 과제가 많아서 공부해야 하는 양이 많고 내용도 쉽지 않다. 6개 과목은 각각 7점 만점이며 EE와 TOK 합쳐서 받는 추가 점수가 3점이라 모든 과목에서 만점을 받을 경우 총 45점이 된다. 평가는 상대 평가이며 상위 3~7%에 만점인 7점을 부여한다. IB 세계 평균 점수는 29~30점 정도이며 40점 이상이면 외국 어느 대학에 지원해도 손색이 없는 점수라 할 수 있다.

AP는 주로 북미 고등학교에서 대학 1학년 교양수준 과목을 미리 배우는 제도다. 개설 과목은 다양한데 실제 수업 가능한 과목은 고등학교의 여건, 수준에 따라 다르다. 보통 고등학교 2, 3학년 때 시험을 치르는데 시험 성적에 따라 최저 1점에서 최고 5점 사이의 점수를 받는다. 2점 이하는 학점으로 인정받지 못하며 유명 대학을 목표로 한다면 4점 이상의 점수를 받아야 한다. 참고로 AP는 대학 교양 과목에 대한 선행 학습이기 때문에 IB를 공부하던 학생들도 AP 시험을 치를 수 있으며, AP 프로그램을 운영하는 학교는 AP 준비에 필요한 커리큘럼으로 수업을 진행하는 학교를 뜻한다. 같은 과목에 대해 여러 차례 시험을 치를 수 있으며 그중 최고 점수를 지원하는 대학에 보낼 수 있다. 일반적으로 대학에서는 최소 3가지 과목 이상을 필수로 하고 있으며 AP를 택하는 고등학생은 보통 4~5과목을 공부한다. 미국계 대학 진학을 계획하는 경우에는 AP 이외에 SAT(Scholastic Aptitude Test)라는 미국의 대학수능시험을 같이 치른다.

국제학교는 학생의 만족도가 높고 향후 대학 진학 시 선택의 폭이 넓은 장점이 있지만 높은 학비는 고민을 하게 만드는 부분이다. 아울러 영어, 중국어가 서툰 한국인 학생의 경우에는 별도 과외나 학원 학습이 필요하므로 추가 비용 또한 만만치 않다.

3 한국계 학교

한국 국민 중 해외에 거주하는 재외국민이 가장 많은 나라는 바로 중국이다. 2017년 기준으로 약 250만 명 이상의 교민이 중국에 거주하고 있는데 자녀 교육의 방안으로 한국계 학교도 고려할 만하다. 대한민국 교육부의 재외 한국교육기관 정보서비스는 해외 각국에 있는 한국계 교육기관 정보를 제공하는데 중국 내에는 베이징, 상해, 홍콩 등지에 총 13개의 학교가 있다. 이름은 'XX 한국학교'이나 대한민국 교육부에서 인정을 받지 않은 학교도 있는데 이럴 경우 향후 한국 대학 진학 시 문제가 될 수 있으니 꼼꼼히 확인해야 한다. 한국계 학교의 일 년 학비는 고등학생의 경우 35,000 RMB ~ 40,000 RMB(한화 약 600~760만 원) 정도이며 입학금과 스쿨버스비, 급식비는 별도이다. 중국 로컬학교에 비할 바는 아니지만 국제학교 학비에 비해서는 매우 저렴한 수준이다.

중국 내 한국학교(일부) 학비 현황 (단위: RMB)

학교명	입학금			수업료		
	초등부	중등부	고등부	초등부	중등부	고등부
상하이	15,000	15,000	15,000	26,000	30,000	35,000
베이징	18,000	18,000	18,000	25,000	31,000	37,000
쑤저우	8,000	8,000	8,000	25,800	30,900	36,100
광저우	8,000	10,000	10,000	31,000	35,000	38,000

중국 체류 중 한국으로 중도 귀국해야 하거나 한국 대학 진학을 희망할 경우에는 한국계 학교가 좋은 선택이다. 한국 교육과정에 맞추어 학생을 지도하고 한국어로 수업을 하기 때문에 일관성 있는 교육을 받으며 문화적 이질감 없이 쉽게 적응할 수 있다. 또한 한국 대학 입시를 위한 커리큘럼이 잘 짜여 있고 특례 지필 시험 준비를 철저히 지도해주기 때문에 국내 대학 진학에 가장 유리한 선택이다. 한국학교가 있는 지역은 한국 교민들이 많이 거주하는 지역이라 할 수 있는데 한국에서와 마찬가지로 교육열이 매우 높아서 한국식 학원도 다수 있는 등 학업에 집중할 수 있는 환경이 조성되어 있다는 장점이 있다. 다만, 국제학교나 로컬

학교에 비해 영어, 중국어 활용이 적어 해외 유학의 장점을 충분히 살리지는 못한다.

4 중국에서 유학 후 대학 입시 진로

학생의 입장에서 외국 조기 유학의 대표적인 장점은 고등학교 졸업 후 대학 선택의 폭이 넓다는 점이다. 한국 대학뿐만 아니라 중국 대학, 다른 해외 대학 진학도 고려할 수 있기 때문이다. 그래서인지 중국으로의 유학은 계속 강세 분위기이다. 어려워지는 국내 취업 환경 때문에 해외 취업에 관심이 많아지는 것과 비슷한 현상이라고 할 수 있다. 중국에서 공부하고 있는 유학생의 입장에서 한국 대학의 입시부터 시작해 중국 및 홍콩, 싱가포르, 미국과 같은 외국 대학의 입시까지 간단히 살펴보겠다.

- **한국 대학**: 한국 대학의 경우 초, 중, 고 모든 과정을 외국에서 이수한 유학생들에게 12년 특례 입학 자격을 부여한다. 12년 전 과정을 모두 해외에서 마친 만큼 외국인 전형과 거의 동일한 기준을 적용한다. 대학의 모집 인원은 모두 정원 외이기 때문에 경쟁이 그렇게 치열하지 않다. 학업에 특별히 문제가 없는 한 대학 진학은 쉽게 할 수 있으며 명문 대학이더라도 큰 어려움 없이 입학할 수 있다. 한국 대학 진학을 희망하는 한국인 유학생들이 가장 부러워하는 경우라 하겠다.

  고등학교 3년 과정을 모두 외국에서 이수한 유학생에게는 3년 특례 입학 자격을 부여한다. 서울대를 제외한 대부분의 대학에서 해외 유학 3년 특례 입학 제도를 운영하고 있다. 3년 특례를 준비하는 경우에는 목표로 하는 대학에 따라 준비가 달라지는데 고등학교 때의 성적으로만 입학 여부를 결정하는 대학이 있는가 하면 지필시험 결과만으로 판단하는 학교 또는 지필과 서류를 모두 고려하는 학교가 있기 때문이다. 따라서 본인이 희망하는 대학의 특례 제도를 파악하고 미리 준비하는 것이 실패를 줄이는 길이다. 요즘은 3년 특례 자격을 갖춘 유학생이 많아져서 한국에 있는 수험생들과 큰 차이 없을 정도로 경쟁률이 높아졌다.

12년, 3년 특례 입학 기준에 미달하는 단기 유학의 경우에는 한국에 있는 다른 학생들과 마찬가지 방법으로 한국 대학 진학을 준비해야 한다.

오해를 막기 위해 부연 설명을 해야 할 것 같다. 흔히 말하는 특례 입학의 정확한 명칭은 '재외국민 특별전형'제도이다. 제도의 근본 취지는 해외에서 일을 하는 부모가 미성년 자녀들을 동반하여 자녀들이 부득이하게 해외에서 초등, 중등, 고등학교를 다니는 경우 이들이 한국으로 귀국했을 때 학업을 이어갈 수 있도록 구제하기 위함이다. 일부에서는 재외국민 특별전형제도가 돈 많은 금수저를 위한 꼼수라고 오해 하기도 하는데 사실은 그렇지 않다. 이 제도에서 요구하는 첫 번째 조건, 부모의 해외 체류 사실이 제도에서 정한 기준을 충족하지 않으면 두 번째 조건 - 자녀가 해당 기간 동안 부모와 같은 국가에서 체류한 사실 - 과 세 번째 조건 - 초/중/고 (12년 특례), 고 (3년 특례) - 이 성립되지 않는다. 학생 단독으로 유학을 갔다거나 한국에서 돈을 버는 기러기 아빠의 학생인 경우에도 자격이 부여되지 않는다. 요즘은 해외 취업자가 많아진 탓에 3년 특례 지원자도 많아져서 한국에 있는 일반 학생들과 별반 다르지 않은 입시 경쟁을 치른다.

- **중국 대학**: 중국 대학의 경우 입시는 외국인 전형으로 지원을 하게 된다. 중국 대학에 진학하려면 졸업한 고등학교에 관계없이 기본적인 중국어 실력을 갖추어야 한다. 국제학교나 로컬 국제부 졸업생의 경우 영어로 작성된 자기 소개서와 학력 증빙 자료를 제출한 후 서류 심사와 면접을 통해 입학 여부가 결정된다. 세부 규정 및 운영 방법은 대학별로 다르기 때문에 지원 대학의 정보를 사전에 파악하고 이에 맞게 준비해야 한다. 중국 로컬 학교를 졸업한 외국인의 경우 까오카오(高考)를 치르거나 HSK(汉语水平考试, 중국어 능력 시험)성적을 가지고 중국 대학을 지원할 수 있다. 외국인의 까오카오 커트라인은 중국인에 비해 낮으며 HSK가 최소 5급은 되어야 한다. 중국 대학을 졸업하기 위해서는 거의 모국어 수준으로 중국어를 구사해야 하기 때문에 중국어 학습에 최선을 다해야 한다.

- **홍콩, 싱가포르, 미국 대학**: 중국 로컬 학교의 국제부나 국제학교를 다니던 한국 학생들은 홍콩 또는 싱가포르에 있는 대학에 지원을 많이 하는 편이다.[4] 두 지역 모두 아시아의 허브 중 하나로 꼽을 만큼 교육

---

4 홍콩은 행정구역상 중국의 '특별 행정구' 중 하나이지만 별도의 화폐, 여권 등 독립성이 있기에 별도로 구분하였다.

수준과 경제 수준이 높은 반면 학비는 미국 대학에 비해 저렴하기 때문이다. 영국의 대학평가 기관에서 실시하는 QS 세계 대학 랭킹 등 각종 대학 평가 통계에서 홍콩 대학, 홍콩 과기대학, 싱가포르 국립대, 싱가포르 난양공대는 아시아에서 최고 수준의 대학으로 꼽히고 있다. 또한, 이들 대학의 학기가 국제학교의 학기 운영과 동일하게 8월에 1학기를 시작하므로 시간적으로도 지원에 유리한 것이 장점이다. 많은 수의 다국적 기업이 홍콩이나 싱가포르에 아시아 본부를 두고 있고, 금융, 무역이 발달하여 졸업 후 취업에도 유리하다. 해외 각국의 실력 있는 학생을 유치하기 위해 다양한 장학금 제도 역시 한국인 유학생들이 끌리는 이유라 하겠다.

국제학교나 로컬 학교 국제부를 다니던 학생의 경우 IB, AP, 또는 SAT 성적으로 미국 대학을 지원한다. 미국의 대학들은 높은 학비에도 불구하고 많은 이들이 고려하는 옵션인데 하버드, 예일, 스탠퍼드, MIT 등 누구나 세계적인 명문대로 꼽는 대학들이 즐비하기 때문이다. 가장 선호하는 대학 진학이지만 엄격한 자격 요건과 높은 진입 장벽 외에도 엄청나게 비싼 학비와 살인적인 생활비 때문에 일반 가정에서는 선뜻 선택하기가 어렵다.

TIP 4

항저우 정보

○ ○ ○

　내가 5년째 살고 있는 항저우는 너무나 마음에 드는 도시다. 중국 취업관련 내용을 다루는 이 책에서 구태여 다룰 필요가 없음에도 한 꼭지로 다룬 이유는 순전히 개인적인 이유 때문이다. 책을 읽은 독자들 중 일부만이라도 항저우에 관심 갖기를 바라는 바람 말이다.

　대표적인 2선 도시인 항저우는 상하이에서 서남쪽으로 약 170km 정도 떨어져있다. 인구수는 약 950만 명으로 서울시 인구보다 약간 적고 면적은 경기도의 1.4배 정도 크다. 위도상 서울에서 제주도 거리 2배만큼 남쪽에 위치하고 있어서 여름에는 40℃에 육박하고 겨울에는 어지간히 추운 날이 아니면 0℃ 이하로 내려가는 일이 없다. 물산이 풍부하고 교통이 발달하였으며 온화한 아열대성 기후 덕분에 '하늘에는 천당이 있다면, 땅에는 쑤저우와 항저우가 있다'는 중국 속담이 있을 만큼 중국에서는 살기 좋은 지역으로 유명하다. 항저우에는 대표적인 세 가지 자랑거리가 있다고 하는데 고급 차(茶)의 대명사인 서호 롱징차, 4,000년 전부터 생산하였다는 비단, 중국 4대 미인 중 최고로 꼽는 서시로 대표되는 미녀(美女)가 그것이다. 차, 비단, 미녀. 항저우의 풍부한 물산과 여유 있는 생활을 짐작하게 해주는 대목이다.

항저우는 중국 동부에 있는 저장성의 성도인데 '시장이 있으면 저장 상인이 있고 시장이 없으면 저장 상인이 만든다'는 속담이 있을 정도로 저장성은 예로부터 상업이 발달하였고 항저우가 그 중심에 있다. 중국 도시별 1인당 GDP 순위에서는 Top 5 안에 들 만큼 부유한데 특히 민간경제 부문이 기여하는 바가 크다. 중국 내 Top 500 민간 기업 중 50개가 항저우에 본사를 두었는데 그중에는 중국 최대 전자상거래 기업인 알리바바와 민간 최대 자동차회사인 지리자동차도 포함되어 있다. 아울러 산업구조가 전자상거래, IT, 자동차, 의약, 게임, 만화, 여행 등의 고부가가치/서비스/첨단 기술을 기반으로 하고 있어 중국의 대표적인 개발 모델 도시로 꼽힌다. 항저우에서 일하는 한국인들도 대부분 IT 회사(알리바바(Alibaba), 왕이(Wangyi), 넷이즈로도 불리는 중국 2위 게임 개발 업체), 하이캉(Hikvision, 세계 최대 감시 카메라 업체) 등), 자동차 회사(지리, 종타이 등), 화장품 회사(LG화학, 기타 중국 현지 업체 등)에서 일하는 경우가 많다. 중국 대학 중 Top5에 드는 저장대학이 항저우에 있어서 이곳에 다니는 한국인 유학생도 꽤 많다.

항저우 주민은 유연하고 개방적인 분위기다. 앞서 설명한 바와 같이 예로부터 경제적으로 부유하여 중산층이 두껍고 교통 및 상업의 중심지라 타지인과의 교류가 많다는 것을 생각하면 어렵지 않게 이해할 수 있을 것이다. 외국인에게도 관대하고 세련되어 내가 중국 회사에 근무하는 한국인인 것을 아는 이웃 주민은 항상 웃는 얼굴로 인사해주며, 동네 과일가게 주인은 덤을 더 주면서 중국어 몇 마디를 가르쳐주기도 한다. 여기서 만나본 대부분의 택시기사는 내 엉성한 중국어에도 짜증내지 않고 오히려 더 친절했던 것 같다.

이런 이유로 중국 정부는 2016년에 있었던 G20 국제회의를 항저우에서 개최하여 항저우를 전 세계에 알린 적이 있다. G20 당시 재미있는 일화가 있다. 아시다시피 중국 대도시는 미세 먼지와 교통체증으로 몸살을 앓고 있는데 G20을 통해 중국의 좋은 이미지를 널리 알리고 싶었던 중국 정부는 행사 기간 전후 일주일간 공장 가동 중지, 학교 휴교, 회사 휴가를 지시하였다. 항저우 시민들에게는 인센티브(예: 고속도로 통행료 면제, 관광지 입장료 면제, 호텔 할인권 등)를 제공하며 인근 도시로 빠져나갈 것을 유도하였다. 결과적으로는 맑고 푸른 하늘과 한산한 도시 교통을 유지하였고 직장인들과 학생들은 뜻밖의 휴가를 즐길 수 있었다.(이후에 대체 근무를 통해 충당하긴 했지만)

베이징, 시안, 난징 등과 더불어 중국 7대 고대 도시 중 하나인데 와신상담, 오월동주 같은 고사성어에 등장하는 오나라(吳国)가 항저우에 기반했었고, 남송(南宋国)의 수도가 바로 이곳 항저우였다. 이런 이유로 시내 곳곳에 역사적 유산이 풍부하여 볼거리도 많다. 송나라의 왕실거리라는 남송어가(南宋御街)는 지하철 1호선 딩안루(定安路)역 근처에 있으며 오나라 옛 성터는 1호선 종점인 샹후(湘湖)에서 그리 멀지 않은 곳에 있다. 중국에서 최초로 최고 등급 관광지(AAAAA)로 지정된 서호(西湖)는 지하철 1호선 롱샹챠오(龙翔桥)역과 가까운데, 서호 주변에는 남송의 명장 악비 장군의 묘인 악왕묘(岳王庙), 칠월칠석 견우직녀 이야기의 원본인 백사전(白蛇传)에 등장하는 단교(断桥)와 뇌봉탑(雷峰塔), 진나라 시대에 세워진 1700년 고사인 영은사(灵隐寺), 세계 최장 운하인 경항대운하(京杭大运河) 등 볼거리가 풍부하다. 대한민국 국민의 한 사람으로서 빼놓을 수 없는 유적지인 대한민국 임시정부 유적지도 서호 근처에 있다. 최초 상하이에 위치했던 임시정부는 윤봉길 의사의 홍커우 공원 의거 이후 일제의 박해가 심해지자 이곳 항저우로 이전하여 1932년부터 1935년까지 여기서 활동하였다. 나는 이곳 임시정부 항저우 기념관에서 2015년에 열렸던 광복 70주년 행사의 감동을 아직도 기억하고 있다.

한국에서 친척, 친구들이 항저우에 놀러 오면 빠지지 않고 안내해주는 코스 중의 하나가 송나라를 배경으로 한 테마파크인 송성가무쇼(宋城千古情)와 베이징 올림픽의 예술 감독이었던 장이머우(张艺谋)가 연출한 인상서호(印象西湖)인데 모두들 엄지를 척들며 만족한다. 서호 서쪽에 서호풍경구(西湖风景区)라 하여 야트막한 산이 연달아 이어져 있는데 이곳 산행은 주말 운동으로 더할 나위 없이 좋고 산행 중 볼 수 있는 서호, 녹차 밭, 항주 동물원, 식물원 등의 풍경은 평소 쌓였던 스트레스를 확 날려버리게 한다. 가족과 함께하는 전당강(钱塘江, 치엔탕지앙) 저녁 산책은 소확행 중 하나인데 야경이 특히 아름답다. 이 강은 총 길이 600km로 안후이(安徽)성에서 발원하여 항저우를 관통한 후 항저우 만 앞바다로 흘러가는데 몇 년 전 G20 행사 때 새롭게 정비한 덕분에 깨끗하고 아름다운 경관을 자랑한다. 중국 프로축구 팀 중 하나인 저장 그린타운(浙江绿城)의 연고지가 항저우인데 한때 홍명보 감독이 이 팀의 지휘봉을 맡기도 했었고 오범석 선수가 뛰기도 했었다. 시내에 있는 한국 식당에서 몇 번 마주친 적이 있는데 몇 년 전 일이라 기억하시려나 모르겠다.

지난 5년간 항저우에 살면서 이런저런 추억이 쌓인 덕분에 나에게 항저우는 제2의 고향이나 다름없다.

좋건 싫건 한중 양국은 서로 밀접한 관계이며 그 중요성이 날로 증대되고 있습니다. 중국은 2003년 이후 15년째 한국의 최대 수출 국가이며 2018년 기준으로 중국에 대한 수출은 전체 수출량의 약 27%를 점유하고 있습니다. 점유율 2위인 미국(12%)의 2.3배, 3위인 베트남(8%)의 3.4배이며 점유율 4위~10위까지의 총합(25%)보다도 높은 수치입니다. 양국 간 상호 유학생 수를 비교해 볼까요? 교육부의 '2018 교육 기본통계'에 따르면 지난해 고등교육기관(대학·대학원)의 전체 외국인 유학생(14만 2205명) 가운데 중국인 유학생 비율은 48.2%(6만 8537명)에 달한다고 합니다.[5] 한국에서 공부하는 외국인 유학생 2명 중 1명이 중국인인 셈이죠.

반대의 경우도 비슷합니다. 중국 교육부에서 2017년에 발표한 중국 유학

---

5   https://kess.kedi.re.kr/index

생 통계자료에 따르면 재중 외국인 유학생 수는 총 44만 명이라고 합니다. 이 중 한국인 유학생이 70,540명(점유율 16.0%)으로 1위를 차지했으며 그 다음이 미국인으로 약 46,000명의 유학생이 있다고 합니다.[6] 일례로 제가 중국어 공부를 위해 다녔던 상해화동사범대학의 어학연수 과정에서는 전체 학생 중 70%가 한국인이었습니다. 한중 양국이 서로의 나라에 가장 많은 유학생을 보내고 있다는 통계는 그 자체로 양국이 서로에게 필요한 파트너란 사실을 단적으로 보여주는 것이 아닐까요? 학생들이야말로 미래를 준비하는 가장 중요한 자원이니 말입니다.

저와 제 가족이 중국에 온 지 5년이 지났습니다. 지리자동차라는 중국 회사에 입사하기 위해 중국 항저우에 처음 왔을 때인 2014년만 하더라도 중국에 대한 제 이해는 거의 백지나 다름없었습니다. 당시 제 머릿속의 중국은 여전히 단편적인 이미지, 예를 들자면 공산당이 독재하는 사회주의 국가, 인구는 많지만 국가대표 축구경기에서는 항상 한국에 지는 나라, 한국에 많은 불법 체류자를 보내는 못사는 나라였습니다. 중국으로 이직을 결정한 직후에도 제가 살게 될 항저우를 홍콩 옆에 있는 광저우와 헷갈리기도 했고 제가 일하게 될 지리자동차를 다른 회사 자동차를 모방하는 중국 자동차 회사 중의 하나라고 생각했습니다. 저의 이런 생각은 중국에 도착한 첫날부터 바뀌기 시작했는데 그저 그런 회사로 알고 있었던 지리자동차는 알고 보니 스웨

6　http://www.sohu.com/a/219315553_220095

덴의 볼보자동차를 소유하고 있었고 나중에는 더욱 놀랍게도 메르세데스 벤츠의 모(母)기업인 다임러 AG의 최대 주주로 올라설 만큼 실력 있는 글로벌 자동차 회사였습니다.

　도착 당시 항저우 샤오샨 공항서부터 시내 도로까지 삼성 스마트폰 광고판을 흔히 볼 수 있었습니다. 삼성이 중국 시장 점유율 1위였었고 LG도 나름 선전하고 있었습니다. 하지만 불과 1~2년 사이에 시장 상황은 확 바뀌어서 화웨이, 샤오미, 비보, 오포 같은 중국 업체들이 급격히 시장 점유율을 높여갔고 어느 순간부터는 한국산 스마트폰을 찾기가 힘든 상황이 되어 버렸습니다. 아시다시피, 유사한 일이 20년 전 컴퓨터 업계에서 일어났었고 10년 전 가전업계부터 조선, 기계, 철강 등 전 분야로 확산되었음을 보았습니다. 제가 중국에서 일하는 동안 중국 자동차 산업의 성장을 직접 경험하였는데 조직원의 한 사람으로서 이러한 성장에 기여했다는 보람을 느끼지만 한편으로는 중국 자동차 산업의 성장이 결국엔 한국 자동차 산업의 미래에 큰 위협이 될 것이라는 우려도 떨칠 수 없었습니다. 특히, 사드 배치 문제를 전후하여 한국 자동차 업체의 중국 시장 점유율이 계속해서 감소하는 걸 보면서 우려가 현실이 되고 있음을 실감했습니다. 마음 한편으로는 중국 업체에서 일하는 것 자체가 이러한 위협을 가속하는데 일조하는 건 아닌지 종종 자괴감이 들곤 했던 것도 사실입니다. 하지만 앞서 설명처럼 한중 양국 간의 교류는 개인이 어찌할 수 있는 문제가 아닌 시대의 큰 흐름이라 생각합니다. 중국의 성장을 마냥 두려워하기보다는 중국이라는 거대한 시장을 어떻게 활용할지 고민하고, 피할 수 없다면 차라리 그 속으로 들어가는 건 어떨지 생각해봐야 할 것 같습니다.

　중국 생활에 대한 책을 쓰기로 마음먹었을 때는 책 쓰는 것을 그리 어렵게 생각하지 않았습니다. 지난 5년이란 시간 동안 맨땅에 헤딩하는 식으로 중국에서 생활해왔던 탓에 제가 경험한 일화들만 정리해도 책 몇 권은 될 거라 생각했습니다. 하지만 막상 원고를 쓰기 시작하자마자 바로 고민에 빠졌습니다. 머릿속의 생각을 글로 옮기는 것, 더욱이 독자들이 읽을 만한 내용의 글을 쓰는 일이 회사 보고서에만 익숙해져 있던 저에게는 큰 어려움이었습니다. 솔직히 이야기하자면 책을 쓰는 과정 내내 스스로에 대한 질문이 머릿속을 떠나지 않았습니다. 처음에는 '나는 중국에 대한 책을 쓸 만큼 중국을 잘 아는 걸까?'로 시작했다가 나중에는 '내가 도대체 중국에 대해서 아는 게 뭐지?'로 바뀌었고 점점 자신감을 잃어갔습니다. 원고를 쓰기 위해 컴퓨터를 켜놓고는 깜박거리는 커서만 보다 밤을 샌 적도 여러 차례 있었고, 실시간으로 정보가 업데이트 되는 세상에서 책을 통한 정보 전달이 의미가 있을까 하는 생각에 포기할 마음도 들었습니다.

　그럼에도 불구하고 책 쓰기를 마무리할 수 있었던 것은 무엇보다도 가족 덕분입니다. 남편의 직장 이동에 따라 전국을 이사하다 마침내 중국까지 오면서도 사랑과 격려를 아끼지 않은 아내 심미영, 국내외로 전학을 하면서도 꾸준히 노력하여 드디어 목표하는 대학에 진학하게 된 아들 김민에게 이 책을 바칩니다. 맏아들이자 맏사위가 해외에 나가 있어 제대로 모시지 못해, 부모님들께 진심으로 죄송하고 감사 드립니다.

중국에서 일하시면서 저와 비슷하거나 제가 모르는 여러 어려움을 겪으셨을 한국인들에게, 한 번도 만나지 못했다 하더라도 일종의 동지애를 느낍니다. 중국 생활 내내 건강하시고 하시는 일 잘 되길 기원합니다. 중국 취업을 희망하는 분들께는 원하는 목표가 이루어지길 응원합니다. 제 책이 조금이나마 참고가 될 수 있다면 더할 나위 없이 기쁘겠습니다. 마지막으로, 한낱 몽상으로 끝났을 아이디어를 책으로 만들 수 있도록 도와주신 이담북스 출판사 출판사업부 직원들께 감사 드립니다.

2019년 봄을 맞이하며
중국 항저우에서 김웅삼